Wissenschaftliche Taschenbücher

Chemie

Hans Dawczynski

Temperaturbeständige Faserstoffe aus anorganischen Polymeren

Akademie-Verlag · Berlin

WTB Wissenschaftliche Taschenbücher

WERNER HABERDITZL
Magnetochemie

A. A. SOKOLOW
Elementarteilchen

HEINZ AHRENS
Varianzanalyse

HANS-JÜRGEN TREDER
Relativität und Kosmos
Raum und Zeit in Physik, Astronomie und Kosmologie

ALBERT EINSTEIN
Grundzüge der Relativitätstheorie

ALBERT EINSTEIN
Über die spezielle und die allgemeine Relativitätstheorie

GÜNTHER LUDWIG
Wellenmechanik. Einführung und Originaltexte

HARRY PAUL
Lasertheorie, Teil I und II

FRANZ RUDOLF KESSLER
Einführung in die physikalischen Grundlagen der Kernenergiegewinnung

D. TER HAAR
Quantentheorie. Einführung und Originaltexte

J. H. SANDERS
Die Lichtgeschwindigkeit. Einführung und Originaltexte

JEAN KUNTZMANN
Unendliche Reihen
Mathematische Hilfsmittel der Physik und Chemie
Mit 94 Übungen und 29 Aufgaben

JEAN KUNTZMANN
Systeme von Differentialgleichungen
Mathematische Hilfsmittel der Physik und Chemie
Mit 88 Übungen und 40 Aufgaben

JEAN KUNTZMANN
Komplexe Veränderliche
Mathematische Hilfsmittel der Physik und Chemie
Mit 90 Übungen und 37 Aufgaben

FERDINAND CAP
Einführung in die Plamaphysik
I. Theoretische Grundlagen

FERDINAND CAP
Einführung in die Plasmaphysik
II. Wellen und Instabilitäten

FERDINAND CAP
Einführung in die Plasmaphysik
III. Magnetohydrodynamik

J. A. ROSANOW
Wahrscheinlichkeitstheorie

HARRY PFEIFER
Theorie linearer Bauelemente
Elektronik für den Physiker I

HARRY PFEIFER
Die Elektronenröhre
Elektronik für den Physiker II

HARRY PFEIFER
Schaltungen mit Elektronenröhren
Elektronik für den Physiker III

HARRY PFEIFER
Leitungen und Antennen
Elektronik für den Physiker IV

HARRY PFEIFER
Mikrowellenelektronik
Elektronik für den Physiker V

HARRY PFEIFER
Halbleiterelektronik
Elektronik für den Physiker VI

GERHARD HÜBNER / KLAUS JUNG / ECKART WINKLER
Die Rolle des Wassers in biologischen Systemen

STEPHEN G. BRUSH
Kinetische Theorie, Teil I und II
Einführung und Originaltexte

EBERHARD HOFMANN
Eiweiße und Nucleinsäuren als biologische Makromoleküle
Dynamische Biochemie, Teil I

EBERHARD HOFMANN
Enzyme und energieliefernde Stoffwechselreaktionen
Dynamische Biochemie, Teil II

EBERHARD HOFMANN
Intermediärstoffwechsel
Dynamische Biochemie, Teil III

EBERHARD HOFMANN
Grundlagen der Molekularbiologie und Regulation des Zellstoffwechsels
Dynamische Biochemie, Teil IV

HERBERT GOERING
Elementare Methoden zur Lösung von Differentialgleichungsproblemen

PETER KRUMBIEGEL
Isotopieeffekte

D. M. BRINK
Kernkräfte. Einführung und Originaltexte

DIETER ONKEN
Steroide
Zur Chemie und Anwendung

HEINZ GEILER
Ökologie der Land- und Süßwassertiere

ARTHUR P. CRACKNELL
Angewandte Gruppentheorie. Einführung und Originaltexte

DIETER KLAUA
Elementare Axiome der Mengenlehre

GÜNTER TEMBROCK
Grundlagen der Tierpsychologie

J. F. VINSON
Optische Kohärenz in der klassischen Theorie und in der Quantentheorie

W. R. HINDMARSH
Atomspektren. Einführung und Originaltexte

GÜNTER TEMBROCK
Biokommunikation
Informationsübertragung im biologischen Bereich
Teil I und II

ADOLF ZSCHUNKE
Kernmagnetische Resonanzspektroskopie in der organischen Chemie

DIETER MERKEL
Riechstoffe

JOHN CUNNINGHAM
Vektoren

GEORG DAUTCOURT
Relativistische Astrophysik

ERNST SCHMUTZER
Symmetrien und Erhaltungssätze der Physik

GERHARD LERCH
Pflanzenökologie

MICHAEL GÖSSEL
Angewandte Automatentheorie, Band I
Grundbegriffe

MICHAEL GÖSSEL
Angewandte Automatentheorie, Band II
Lineare Automaten und Schieberegister

HEINRICH KINDLER
Der Regelkreis. Eine Einführung

A. R. KESSEL
Akustische Kernresonanz

WOLFRAM BRAUER / HANS-WALDEMAR STREITWOLF
Theoretische Grundlagen der Halbleiterphysik

HARRY PAUL
Nichtlineare Optik, Teil I und II

HANS BANDEMER / ANDREAS BELLMANN
WOLFHART JUNG / KLAUS RICHTER
Optimale Versuchsplanung

DIETRICH BENDER / ERNST-EGON PIPPIG
Einheiten — Maßsysteme — SI

DIETER KLAUA
Grundbegriffe der axiomatischen Mengenlehre, Teil I und II

E. G. GOLSTEIN
Konvexe Optimierung. Die Elemente der Theorie

HELMUT FRIEMEL / JOSEF BROCK
Grundlagen der Immunologie

SIEGFRIED HAUPTMANN
Über den Ablauf organisch-chemischer Reaktionen

EBERHARD TEUSCHER
Pharmakognosie, Teil I und II

JOACHIM NITSCHMANN
Entwicklung bei Mensch und Tier
(Embryologie)

R. A. R. TRICKER
Frühe Elektrodynamik. Das erste Stromgesetz

L. A. SKORNJAKOW
Elemente der Verbandstheorie

KONRAD KREHER
Festkörperphysik

N. D. SHEWANDROW
Polarisation des Lichtes

HANS-MARTIN BARCHET
Chemie photographischer Prozesse

DIETER KLAUA
Kardinal- und Ordinalzahlen, Teil I und II

A. S. SONIN / B. A. STRUKOW
Einführung in die Ferroelektrizität

A. A. SMIRNOW
Metallphysik
Eine Einführung in die Natur des metallischen Zustandes

VOLKER KEMPE
Theorie stochastischer Systeme
Wahrscheinlichkeitstheoretische Grundlagen der Analyse und Synthese

ROLF BORSDORF / MANFRED SCHOLZ
Spektroskopische Methoden in der organischen Chemie

KLAUS ODENING
Parasitismus. Grundfragen und Grundbegriffe

HANS DAWCZYNSKI
Temperaturbeständige Faserstoffe aus anorganischen Polymeren

Vorschau auf die nächsten Bände:

HANS DAWCZYNSKI
Temperaturbeständige Faserstoffe aus organischen Polymeren

WOLFGANG PAULI
Vierpoltheorie

R. A. R. TRICKER
Die Beiträge von Faraday und Maxwell zur Elektrodynamik

WTB

BAND 152

Hans Dawczynski

Temperaturbeständige Faserstoffe aus anorganischen Polymeren

Mit 41 Abbildungen und 31 Tabellen

AKADEMIE-VERLAG · BERLIN

Reihe CHEMIE

Herausgegeben im Auftrage
der Akademie der Wissenschaften der DDR

von:
Prof. Dr. H. Klare, Berlin
Prof. Dr.-Ing. Dr. h. c. E. Leibnitz, Berlin
Prof. Dr.-Ing. Dr. h. c. K. Schwabe, Meinsberg
Prof. Dr. Dr. h. c. E. Thilo, Berlin

Verantwortlicher Herausgeber dieses Bandes
Prof. Dr. H. Klare

Verfasser:
Dr. H. Dawczynski
VEB Chemiefaser-Kombinat Schwarza
„Wilhelm Pieck", Rudolstadt

1974

Lizenznummer: 202 · 100/482/74
Gesamtherstellung: VEB Druckhaus „Maxim Gorki", 74 Altenburg
Bestellnummer: 761 898 3 (7152) · LSV 1254
Printed in GDR
EVP 8,–

Vorwort

Die Entwicklung von temperaturbeständigen Faserstoffen aus anorganischen Polymeren und ihre Anwendung in Forschung und Produktion, besonders in der Industrie, gewinnt ständig an Bedeutung. Die Forderungen nach temperaturbeständigen Faserstoffen auf dem Sektor der technischen Textilien und der Raumfahrt werden immer intensiver.

Das vorliegende Taschenbuch soll einen Überblick des erreichten Bearbeitungsstandes zur Problematik der temperaturbeständigen anorganischen Faserstoffe vermitteln. Neben der Herstellung, Eigenschaftscharakterisierung wird auch auf die Verwendung der temperaturbeständigen anorganischen Fasern eingegangen.

Für die Anregung zu dieser Arbeit und wertvolle Hinweise danke ich dem Präsidenten der Akademie der Wissenschaften der DDR, Herrn *Prof. Dr. H. Klare,* der als Mitherausgeber des WTB die Fertigstellung des Buches in jeder Weise förderte.

Herzlich gedankt sei meinem Vater, Herrn *Dr. O. Dawczynski,* für wertvolle und kritische Bemerkungen bei der Abfassung des Manuskriptes.

Nicht zuletzt sei dem Akademie-Verlag für die sorgfältige Drucklegung bestens gedankt.

Rudolstadt/Thür., Juni 1973 *H. Dawczynski*

Inhalt

1.0. Einleitung

Die moderne Entwicklung der Wirtschaft hat zu einem ständig steigenden Bedarf an temperaturbeständigen Faserstoffen geführt. Hierunter versteht man solche, die für eine bestimmte Dauer auch bei Temperaturen von 300 °C und mehr in normaler Atmosphäre ihre mechanischen Eigenschaften behalten. Im WTB „*Temperaturbeständige Faserstoffe aus organischen Polymeren*" wurde eine Übersicht über die zahlreichen und verschiedenartigen wärmebeständigen textilen Faserstoffe und Gewebe gegeben, die auf organischer Grundlage entwickelt worden sind. Für manche Zwecke werden jedoch Faserstoffe benötigt, die eine extrem hohe Nullfestigkeitstemperatur aufweisen müssen. Mit Nullfestigkeit bezeichnet man die Temperatur, bei welcher die Festigkeit eines Stoffes auf Null absinkt. Weltraumkörper, Überschallflugzeuge und Raketen müssen Temperaturen von mehr als 2000 °C, Ozon und ionisierende Strahlen, eine längere UV- oder γ-Bestrahlung ertragen können. Derartigen Anforderungen genügen am besten Faserstoffe, die auf der Basis anorganischer Polymerer herstellbar sind.

Aus der Tab. 1 ist zu ersehen, daß die Grenze der Temperaturbeständigkeit bei den meisten anorganischen Faserstoffen zwischen 1000 °C und 3400 °C liegt. Ein Nachteil gegenüber den temperaturbeständigen Geweben aus organischen Polymeren ist jedoch ihre größere Dichte (bis zu 21,8 g/cm^3), außerdem sind ihre Herstellungskosten sehr hoch. Deshalb werden sie z. Z. hauptsächlich im technischen Sektor eingesetzt, und zwar insbesondere als Verstärkungsfasern für organische und anorganische Kunststoffe.

Tabelle 1

Temperaturbeständige anorganische Faserstoffe

Faserstoffmaterial	Dichte [g/cm³]	Reißfestigkeit [10³ kp/cm²]	Grenze der Temperaturbeständigkeit [°C]
Glas	2,6	35···45	500···700
Quarz	2,2	7···25	2000
Alumosilicat	2,7	7···42	1800
Asbest	2,5	7···14	1550
Kohlenstoff	1,8	14···18	2200··· 3000
Bor	2,4	20···25	2980
Bornitrid	1,8	4···14	2500···2700
Basalt	–	–	900
Molybdän	10,3	20	2600
Wolfram	19,3	30	3400
Aluminium	2,8	2	660
Nickel	8,9	6	1450
Kupfer	8,9	4	1100
Silber	10,5	2	960
Platin	21,8	4	1800
Beryllium	1,8	11	1300
Zirkoniumoxid	–	–	2000
Chrom	–	–	1890
Kaliumtitanat	1,45	–	1370

2. Kohlenstoff- und Graphit-Faserstoffe

In den letzten 10 Jahren sind verschiedene für die Industrie besonders bedeutsame technische Materialien entwickelt worden. Zu ihnen gehören die Kohlenstoff-Fäden. Unter dieser Bezeichnung werden Faserstoffe zusammengefaßt, die mittels chemischer Verfahren aus Chemiefaserstoffen gewonnen werden und hinsichtlich ihrer physikalisch-chemischen Eigenschaften den schon früher bekannten natürlichen und künstlichen Kohlenstoffmaterialien (Kohle, Graphit, Koks) nahestehen. Nach ihrem Gehalt an elementaren Kohlenstoff (C) und der Endtemperatur, bei welcher sie die Behandlung des als Ausgangsmaterial dienenden Faserstoffes überstehen, kann man bei Kohlenstoff-Fäden drei Gruppen unterscheiden:

	C [%]	t [°C]
partiell carbonisierte Fäden	bis 90	350··· 400
Kohlenstoff-Fäden	91···98	1000···1500
Graphit-Fäden*)	>98	bis 3000

Die bekannten Modifikationen des elementaren Kohlenstoffs: Diamant (kubisch) und Graphit (hexagonal, rhomboedrisch, turbostratisch) haben in der Technik große Bedeutung erlangt. Der Diamant ist durch seine unübertroffene Härte ausgezeichnet. Die Kohlenstoff- und die Graphit-Fäden haben sich auf vielen Gebieten der Technik auf Grund folgender Eigenschaften (2) durchgesetzt:

- variable elektrische und thermische Leitfähigkeit
- gute Temperaturwechselbeständigkeit, die auf die Wärmeleitfähigkeit und die poröse Struktur zurückzuführen ist
- gute Gleiteigenschaften
- Beständigkeit unter reduzierenden bzw. neutralen Bedingungen bis etwa 3600 °C
- mit steigender Temperatur bis zu 2500 °C zunehmende Festigkeit bei verhältnismäßig geringer Raumdichte (1,4 bis 1,85 g/cm^3)
- chemische Beständigkeit in nahezu allen Medien auch bei hohen Temperaturen außer in stark oxydierenden Medien
- große Reinheit
- niedriger Absorptionsquerschnitt für thermische Neutronen
- ausgezeichnete Flexibilität und Elastizität.

*) Der Begriff Graphit-Fäden ist willkürlich gewählt worden. Graphit-Fasern unterscheiden sich von den Kohlenstoff-Fasern durch breitere graphitähnliche Schichten, diese sind beim Graphit parallel angeordnet und dichter bepackt (s. Abschn. 2.2.) [11], Graphit-Whiskers sind fasrige Einkristalle aus Graphit (s. Abschn. 3.1.) [12].

Ihren Eigenschaften nach, nehmen die Kohlenstoff- und Graphit-Fäden eine Zwischenstellung zwischen Metallen und Nichtmetallen ein. Deshalb werden Graphit-Faserstoffe häufig dann eingesetzt, wenn metallisch und nicht metallische Eigenschaften von einem Stoff gefordert werden.

Die physikalisch-chemischen Charakteristika der Kohlenstoff-Fäden entsprechen weitgehend denen der Kohlenstoffmaterialien: Sie sind thermisch und chemisch beständig, unlöslich und nicht schmelzbar. Die elektrophysikalischen Eigenschaften schwanken je nach dem Herstellungsverfahren erheblich. Neben der niedrigen Dichte besitzen die Kohlenstoff- und Graphit-Fäden einen niedrigen thermischen Ausdehnungskoeffizienten und eine variable Wärmeleitfähigkeit.

Fasrige Kohlenstoffmaterialien sind gegenüber UV-Strahlen in hohem Maß beständig. Einige verkohlte Gewebe reagieren nicht mit Metallschmelzen; an ihrer Oberfläche können auf 1400—1800 °C erhitzte Metallschmelzen ohne wesentliche Schädigung des Gewebes abgekühlt werden [3].

Alle faserigen Kohle- und insbesondere die Graphit-Materialien sind flammfest; in einem oxydierendem Medium findet bei hoher Temperatur ein langsames flammenloses Brennen statt, wobei die wichtigsten physiko-chemischen Parameter längere Zeit erhalten bleiben.

Hinsichtlich ihrer mechanischen Eigenschaften unterscheiden sich die Kohlenstoff- und Graphit-Fasern jedoch von den massiven Materialien wesentlich (s. Tab. 2 und 3).

Aus den Tabellen ist zu ersehen, daß die Festigkeit der Kohlenstoff-Fäden außerordentlich verschieden sein kann und diejenige der massiven, nicht fadenförmigen Materialien beträchtlich übertrifft. Bisweilen werden die neuartigen faserigen Kohlenstoffmaterialien mit den durch Glühen erhaltenen, für elektrische Glühlampen verwendeten Kohlen-Fäden gleichgesetzt. Letztere be-

Tabelle 2

Physikalisch-mechanische Eigenschaften von massiven kohlenstoffhaltigen Materialien

Material	Dichte [g/cm³]	Biegefestigkeit [kp/cm²]	spez. elektr. Widerstand [Ω mm²/m]	Elastizitätsmodul [kp/cm²]	Literatur
Reaktorgraphit*)	1,68···1,75	0,7 ···2,0			[4]
künstl. Graphit*)	2,0 ···2,2		0,5 $1 \cdot 10^4$ z. Oberfläche	$1 \cdot 10^7 \cdots 3{,}5 \cdot 10^5$	[8]
desgl.*)	–	2,36···3,08			[5]
glasartiger Kohlenstoff	1,46···1,50	500···1000			[6]
desgl.	1,50	700	50	$2{,}5 \cdot 10^3$	[7/8]
Schaumkohlenstoff	0,045···0,065	3	$5{,}5 \cdot 10^3$	$1{,}2 \cdot 10^3$	[7/8]
Pyrographit	2,20	1000	5 $7 \cdot 10^3$ z. Oberfläche	$2{,}5 \cdot 10^3$	[8]

*) Festigkeit in kp/mm²

Tabelle 3

Physikalisch-mechanische Eigenschaften von Kohlenstoff-Fäden (nach verschiedenen Literaturangaben)

Faserstoff	Dichte [g/cm³]	Durchmesser [µm]	Festigkeit [kp/mm²]	Elastizitätsmodul [kp/mm² · 10³]	Literatur
Kohlenstoff-Fäden	1,5···1,8	4 ···15	35···70	2,6···2,8	[8]
	1,5···1,8	—	8···39,5	—	[9]
	—	4,5···45	0,28	2···52	
	1,8	1 ···100	1,4	0,7···2,8	[10]
	1,65	7 ···21	—	—	[11]
	—	—	105	4,2	[12]
	—	—	70	4,2	[13]
Graphit-Fäden	1,6	2 ···30	0,14···1,4	—	[10]
	1,5	5,6···17,5	—	—	[11]
	1,42···1,63	6,6···7,4	126···200	17,5···35,5	[14]
	1,65···1,89	7,6	140···310	24,5···45,5	[15]
	—	—	245	42	[16]
	1,74···2,00	7,8···8,1	175···262	19,6···42,5	[17]
Hochmodulfaser (*HM*)	1,95	—	175···227	35 ···42	[9]
Hochfestigkeitsfaser (*HT*)	1,76	—	246···316	24,6···29,4	[9]

sitzen jedoch nicht die Eigenschaften der modernen Kohlenstoff-Fäden. Die neuen Kohlenstoff-Fasern zeichnen sich durch einzigartige Eigenschaften aus, insbesondere: durch thermische Stabilität, chemische Beständigkeit und Unschmelzbarkeit. Wegen der elementaren Zusammensetzung aus Kohlenstoff sind den temperaturbeständigen Kohlenstoff-Fasern aber auch gewisse Nachteile eigen, z. B. geringe mechanische Festigkeit und Empfindlichkeit gegen Oxydation bei hohen Temperaturen. Seit einigen Jahren kann man jedoch jetzt Graphit-Fasern mit sehr hoher Zugfestigkeit und Steifheit herstellen. Damit erweitert sich der Anwendungsbereich dieser Fasern erheblich. Zur Erreichung von Kohlenstoff-Fäden mit hohen Elastizitätsmoduli in Längsrichtung ist es notwendig, die Graphitschichten parallel zur Faser auszurichten. Mit höherer Orientierungszahl nehmen die Werte schnell zu. Das Ausmaß der Orientierung der Graphitschichten kann in verschiedenen Stadien der Bildung der Kohlenstoff-Fasern beeinflußt werden:

1. Vor bzw. während der Pyrolyse bei der Entstehung des Kohlenstoffskeletts aus dem eingesetzten Polymeren, evtl. unter mechanischer Reckung,
2. während einer anschließenden Glühbehandlung bei Graphitierungstemperaturen und
3. während der Glühbehandlung bei Graphitierungstemperaturen durch eine gleichzeitige mechanische Verformung.

Zur Herstellung von hochfesten Kohlenstoff-Fäden mit hohen Elastizitätsmodul sind die beiden folgenden Kriterien zu beachten:

1. Maximale Orientierung

   durch Vororientierung der Polymerstruktur
   durch plastische Verformung im Graphitierungsbereich
   und
   durch Graphitierungsglühung.

2. Minimale Kerbstellendichte [132].

2.1. Herstellungsmöglichkeiten

Kohlenstoff- und Graphit-Fasern können im wesentlichen nach 4 verschiedenen Verfahren hergestellt werden [10]:

1. In einem elektrischen Lichtbogen bei einem Druck von 92 atü in Argonatmosphäre bei einer Temperatur von 3600°C unter Verwendung von Graphitelektroden.
2. Durch Faserwachstum aus dampfförmigem Zustand bei der thermischen Zersetzung von Koksofengas oder CH_4/H_2-Gemischen.
3. Durch Pyrolyse von organischen Fasern (im angelsächsischen Sprachraum „polymer-precursor" genannt)
4. Durch Pyrolyse von Petroleumasphalt, Pech, Teer oder ähnlichen Produkten.

Bei den ersten beiden Techniken handelt es sich um komplizierte Laborverfahren, die wegen ihrer geringen Ausbeute an Fasern wenig Interesse gefunden haben. Die unter der Ziffer 3. und 4. bezeichneten Verfahren dagegen haben bereits eine erhebliche kommerzielle Bedeutung erlangt; auf diese Techniken wird im Abschn. 2.1. näher eingegangen werden.

Die wichtigsten Ausgangspolymeren für die Herstellung von Kohlenstoff- oder Graphit-Fasern sind Viskose- und Polyakrylnitril-Faserstoffe [11, 13—48].

Es können aber auch andere faserige Ausgangspolymere — z. B. Polyvinylalkohol, Polybenzimidazole, Polyimide, aromatische Polyamide und andere Polymere — zu Kohlenstoff- oder Graphit-Fasern pyrolysiert werden. Gleichwohl sind aber die Auswahlmöglichkeiten begrenzt. Es sind 3 Forderungen an die Ausgangsfaserstoffe zu stellen.

1. Die Ausgangsfaser muß thermisch abbaubar sein, ohne daß bei der Pyrolyse eine Schmelzphase durchschritten wird. Sollte eine Verflüchtigung oder ein partieller Schmelzvorgang vor der

Verkohlung eintreten, so kann allerdings häufig durch Oxydation der Faser bei Temperaturen im Bereich um 200—300 °C Abhilfe geschaffen werden; hierbei tritt eine Vernetzung ein.

2. Der ursprüngliche Kohlenstoffgehalt soll auch in der pyrolysierten Faser erhalten bleiben. Deshalb kommt es darauf an, daß die Pyrolyse möglichst ohne größere Abgabe von kohlenstoffhaltigen flüchtigen Produkten vonstatten geht.

3. Die herzustellende Kohlenstoff- oder Graphit-Faser soll fest und genügend steif sein. Dies läßt sich dadurch erreichen, daß man die Ausgangsfasern während der Erhitzungsperiode einem Streckungsprozeß unterwirft; dies geschieht meistens bei Beginn der Pyrolyse. Die hierdurch bewirkte Erweiterung der Fasern führt zu einer außerordentlichen Verbesserung der mechanischen Festigkeit [11].

Bei als Ausgangsmaterial verwendeten Polyakrylnitril-Fäden (PAN) wird die Verstreckung bereits bei Temperaturen zwischen 100 bis 300 °C vorgenommen, carbonisierte Viskose-Fäden dagegen werden am besten bei ca. 2500 °C verstreckt [8]. Die Zugfestigkeit von auf diese Weise erhaltenen orientierten Graphit-Fäden wird nur noch von den sogenannten Graphit-Whiskers übertroffen. Letztere überbieten auch den Elastizitätsmodul hochverstreckter Kohlenstoff- und Graphit-Fasern. Von Kohlenstoff-Whiskers (Durchmesser ca. 0,5—5 μm) wurden die bisher höchsten Festigkeitswerte aller bekannten Fasern erreicht. Zugfestigkeit bis ca. $2 \cdot 10^5$ kp/cm² und Elastizitätsmoduli bis zu $7 \cdot 10^6$ kp/cm².

Die in letzter Zeit auf Basis Polyakrylnitril hergestellten Graphit-Fasern mit Durchmessern von 7—8 μm besitzen eine Zugfestigkeit von 24000 kp/cm² und einen Elastizitätsmodul von $4{,}9 \cdot 10^6$ kp/cm² gegenüber 5600 bzw. $9{,}1 \cdot 10^4$ kp/cm² beim Polyakrylnitril-Faser-Ausgangsmaterial. Es gibt Anzeichen dafür, daß demnächst Graphit-Fasern mit einer Zugfestigkeit von 70000 kp/cm² und einem Elastizitätsmodul von $7 \cdot 10^6$ kp/cm² gefertigt werden können. Hinsichtlich der spezifischen, d. h. auf gleiches Gewicht bezogenen Festigkeiten und Elastizitätsmoduli weisen Kohlenstoff- und Graphit-Fäden sogar gegenüber Metallfäden erhebliche Vorzüge auf. Den 3 grundsätzlichen Anforderungen an das Ausgangsmaterial genügen am besten Cellulose und vernetzte

Polymere, wie z. B. Polyakrylnitril; diese sind deshalb für die Herstellung von Kohlenstoff-Fasern besonders geeignet.

2.1.1. Herstellung von Kohlenstoff- und Graphit-Fasern aus Viskose-Fäden

Im Jahre 1880 gelang es dem US-amerikanischen Chemiker Edison, Fäden aus Cellulosematerial zu verkoken und hieraus Kohlenstoff-Fäden für die von ihm entwickelte Glühlampe herzustellen. M. Fremery und J. Urban entwickelten 1885 Glühlampenfäden aus Kupferseide. Diese ersten Kohlenstoff-Fäden besaßen aber nur eine geringe mechanische Festigkeit und waren wenig flexibel. 1959 wurden erstmalig auch flexible Kohlenstoff-Fasern und -Gewebe, die zu dieser Zeit nur im Laboratoriumsmaßstab zur Verfügung standen, in der Fachliteratur vorgestellt. Auch bei ihnen diente Cellulose als Ausgangsmaterial, jedoch in Form von Viskoseseide.

Hinsichtlich der Herstellung von Kohlenstoff-Fasern auf der Basis von Celluloseregeneratfaserstoffen läßt sich folgendes feststellen:

Die Vorgänge bei der Verarbeitung der Regeneratfaserstoffe zu Kohlenstoff-Fäden unterscheiden sich im Prinzip nicht von den bei der trockenen Destillation von Cellulosematerialien ablaufenden Prozessen.

Meist wird die Pyrolyse in einem Schutzmedium bei linearem oder stufenweisen Anstieg der Temperatur durchgeführt. Aus der großen Gruppe der Regenerat-Faserstoffe erwiesen sich hierfür als am besten geeignet die Viskosecordseiden mit verschiedenen strukturellen und morphologischen Kennwerten. Außer ihnen kommen aber auch Polynosicfasern*) [13], verseifte Cellulosenitrat- und -acetat-Faserstoffe, Kupferseide, merceri-

*) spezieller Viskosefasertyp

sierte Baumwolle [13, 14] sowie Flachs, Jute, Hanf und andere Stoffe in Frage.

Bei der Anzahl der Ausgangsstoffe wird von manchen Wissenschaftlern der Morphologie eine gewisse Bedeutung beigemessen. Beispielsweise wird in einem französischen und britischen Patent [15] darauf hingewiesen, daß sich bei Verwendung von Ausgangsfasern mit glatter Querschnittsform Faserstoffe mit besonders guten Eigenschaften gewinnen lassen. In einem amerikanischen Patent [16] wird die Verwendung von Viskosefäden mit kleiner Querschnittsfläche empfohlen.

Für die Durchführung der Pyrolyse sind die Erhitzungsgeschwindigkeit, die Endtemperatur und die Zusammensetzung des Schutzmediums bestimmend.

Die Umwandlung von Viskosefäden in Kohlenstoff- oder Graphit-Fäden wurde vor allem von Bacon und Tang untersucht [8, 10, 17, 18].

Bei der Pyrolyse lassen sich nach ihren Feststellungen folgende Stufen unterscheiden:

1. Entfernung des physikalisch adsorbierten Wassers
2. Abspaltung von strukturell gebundenem Wasser
3. Depolymerisation unter Spaltung von C—C- und C—O-Bindungen innerhalb des Ringes, begleitet von der Abgabe weiteren Wassers, von CO und CO_2.
4. Aromatisierung oder Bildung graphitähnlicher Schichten.

Die Herstellung von Kohlenstoff-Fasern aus Viskose-Faserstoffen erfolgt mithin in 4 Abschnitten:

1. Vortrocknung des Fasermaterials innerhalb von 24 Std. bei 120 °C
2. Tieftemperaturpyrolyse mit einem Temperaturgradienten von etwa 10 °C/Std. zwischen 120 °C und 600 °C
3. Hochtemperaturpyrolyse mit einem Temperaturgradienten von etwa 60 °C/Std. zwischen 600 °C und 1000 °C
4. Graphitierung bis 3000 °C

Die entscheidenden Vorgänge laufen zwischen 100 °C und 150 °C und zwischen 270 °C und 400 °C ab. Die Ana-

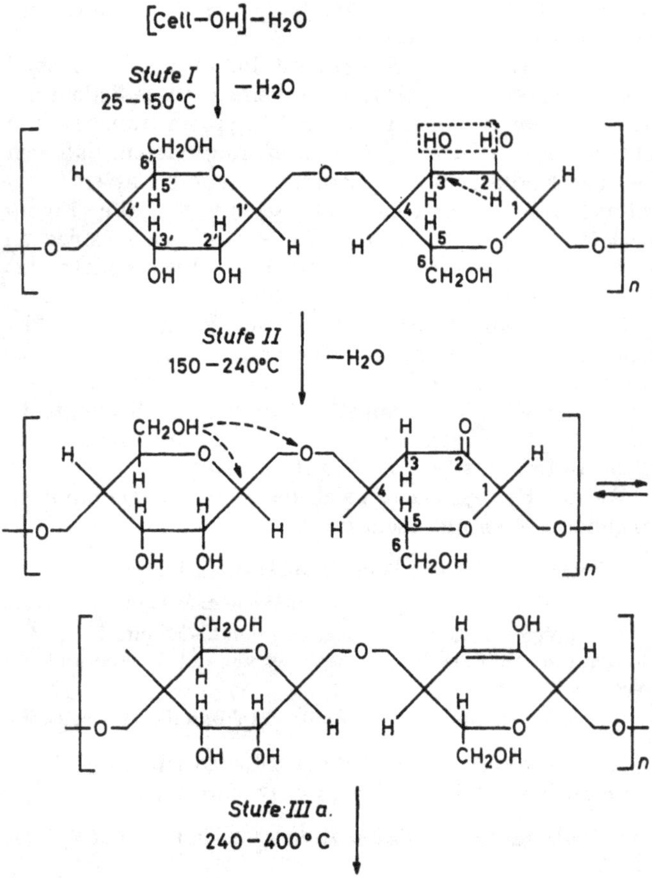

Abb. 1. Thermischer Abbau der Cellulose

Stufe I: Desorption von physikalisch adsorbiertem Wasser

Stufe II: Abspaltung von chemisch gebundenem Wasser

Stufe III: Depolymerisation und Kettenaufspaltung unter Dehydratisierung, Decarbonylierung und Decarboxylierung

Stufe IV: Dehydrierung und Demethanisierung

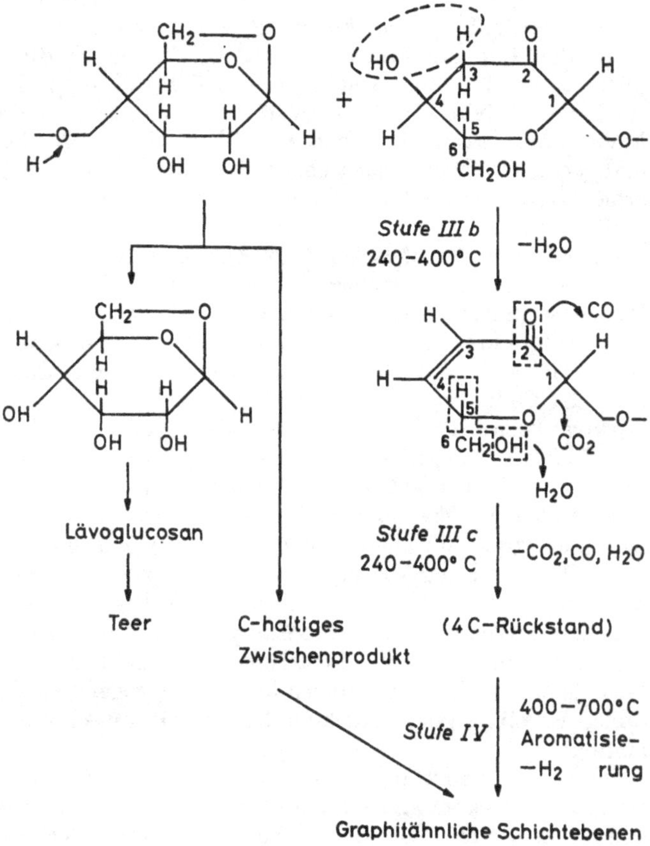

Abb. 1

lyse der Abbauprodukte zeigt, daß insbesondere H_2O, CO_2, CO und ein Teer festzustellen sind, der vor allem aus Laevoglukosan besteht.

Der thermische Abbau kann folgendermaßen beschrieben werden: Bei 100 °C wird das von der Cellulose adsorbierte Wasser entfernt, ab 240 °C das chemisch gebundene Wasser. Bei etwa 270 °C bricht der molekulare Aufbau der Cellulose zusammen, wie sich im endothermen Peak der Depolymerisation zeigt. In diesem Stadium tritt starker Kettenabbruch ein, wobei bis zu 50% des Ausgangsproduktes als Teer für die Endausbeute verloren gehen kann. Daneben entstehen H_2O, CO_2, CO und geringe Mengen organischer Substanzen. Bei 1000 °C erhält man schließlich etwa 25—26% Restkohlenstoff.

Gemäß dem Formelschema in Abb. 1 wird zunächst bis zu 150 °C das adsorbierte Wasser entfernt. Über eine Wasserabspaltung zwischen 150 °C und 240 °C kommt es zur Ausbildung einer Keto-Enol-Tautomerie; anschließend tritt zwischen 240 °C und 400 °C thermische Spaltung der Celluloseketten ein. Dabei entsteht bis zu 50% Laevoglukosan. Es ist anzustreben, daß bei der Pyrolyse die Bildung von größeren Mengen Laevoglukosan verhindert wird, das sich bei der weiteren Steigerung der Temperatur in Teer umsetzt. Gleichzeitig werden die einzelnen glykosidischen Ringe unter Abspaltung von CO, CO_2 und H_2O gesprengt und es bilden sich C_4-Reste, die wahrscheinlich stark radikalisiert sind. Bis zu diesem Stadium gestattet die Infrarot-Analyse eine Beobachtung der Reaktion. Daß die Reaktion aber nicht so einfach ablaufen wird, ist insofern klar, da pyrogene Reaktionen normalerweise sehr kompliziert und komplex ablaufen.

Im Temperaturbereich zwischen 400 °C und 700 °C erfolgt eine Rekombination der C_4-Reste und Ausbildung einer neuen Struktur. Bacon hat die Aneinanderlagerung nach dem Muster einer „Polymerisation" beschrieben und kommt zu der Auffassung, daß es zwei Möglichkeiten gibt, nämlich eine „transversale" und eine „longitudinale" Rekombination. Er nimmt auf Grund der Messungen der Längenschrumpfung an, daß überwiegend eine longitudinale „Polymerisation" bevorzugt stattfindet.

Eine longitudinale Polymerisation müßte theoretisch

zu einer 17%igen Schrumpfung führen, eine transversale dagegen zu einer 52%igen, unter der Voraussetzung eines vollständig orientierten Materials. In der Praxis muß jedoch der Orientierungsgrad der Ausgangsfaser in Betracht gezogen werden.

Unter diesen Bedingungen wurde mit Hilfe eines longitudinalen Mechanismus Längenschrumpfungen um 32% ermittelt. Dies deutet auf ein Vorherrschen der longitudinalen Polymerisation hin.

Es wurden folgende Schrumpfwerte gefunden:

a) bei auf 350° erhitzte Fasern: 25–37%
b) bei auf 1000° erhitzte Fasern: 31–38%
c) bei auf 2000–2800° erhitzte Fasern: 35–40%

Verkokungsmedium

Bei der Herstellung von Kohlenstoff-Fasern ist das Verkokungsmedium von großer Bedeutung. Deshalb ist hierauf einzugehen:

Die Pyrolyse der Cellulose im engeren Sinne muß in einer nicht oxydierenden Atmosphäre verlaufen. Dies kann man auf verschiedene Weise erreichen, beispielsweise dadurch, daß man im Vakuum oder in einem reduzierenden oder in einem inerten Medium arbeitet. Als Schutzmedien können die inerten Gase, Kohlenwasserstoffe, Wasserdampf im Gemisch mit Kohlenmonoxid und Wasserstoff sowie ein Gemisch von Chlor mit Helium dienen [4]. Das Inertgas entfernt dabei die Nebenprodukte und überträgt die Wärme [13]. Am häufigsten werden Stickstoff oder Argon als Schutzgas verwendet.

In Gegenwart von Wasser und Kohlenwasserstoffen darf die Endtemperatur 800 °C nicht übersteigen, weil die der Pyrolyse unterliegenden Kohlenwasserstoffe zu einer nicht unter Kontrolle zu haltenden Abscheidung von Kohlenstoff führen und Wasser die Verbrennung des Kohlenstoffmaterials begünstigt; hierdurch werden also die Eigenschaften der Kohlenstoff-Fasern verschlechtert. Die Rolle eines Schutzmediums kann aber auch von den Zerfallsprodukten der zu pyrolisierenden Faserstoffe übernommen werden [15].

Dazu müssen aber in einem bestimmten Stadium des Behandlungsvorganges die Abbauprodukte, welche erhebliche Mengen Wasser enthalten, aus der Reaktionszone entfernt werden, da sie sonst die bereits erwähnten unerwünschten Erscheinungen zur Folge haben können. Die Arbeit im Vakuum bei der Carbonisierung von Celluloseregeneratfäden ist technisch durchführbar, allerdings sehr kompliziert. Ungünstig ist auch, daß sich unter diesen Bedingungen in verstärktem Maße Teerprodukte bilden.

Besondere Vorteile hat die Durchführung der Reaktion im gasförmigen Chlorwasserstoff, sie führt zu einer Verlangsamung des Abbauprozesses, einer Senkung der Anfangstemperatur der Cellulosezersetzung und zu einer größeren Ausbeute an Kohlenstoff.

Bei einer Carbonisierung in Stickstoff oder in Chlorwasserstoff sind wesentliche Unterschiede hinsichtlich der Kinetik des Massenverlustes festzustellen (Abb. 2).

Die Pyrolyse von Viskosefäden ist bei einem Erhitzen auf 250 °C bis 400 °C unter Druck auch in organischen Medien möglich [19], ebenso auch in Salz- oder Metallschmelzen und organischen Flüssigkeiten [20].

Durch verschiedene Zusätze zu dem zu pyrolisierendem Material können die Pyrolysebedingungen und die Eigenschaften der herzustellenden Kohlenstoff-Fäden wesentlich verändert werden. Beispielsweise wurde der Einfluß von Antipyrenen auf die Verbrennung und die pyrogene Zersetzung von Cellulosematerialien untersucht. Dabei wurde gefunden, daß sich der Reaktionsmechanismus je nach Art und Menge des Antipyrens erheblich ändert [21]. Neben den Antipyrenen können bei der Pyrolyse von Viskose-Faserstoffen zur Modifizierung der Eigenschaften von Kohlenstoff-Fäden verschiedene schwer schmelzbare und hitzebeständige

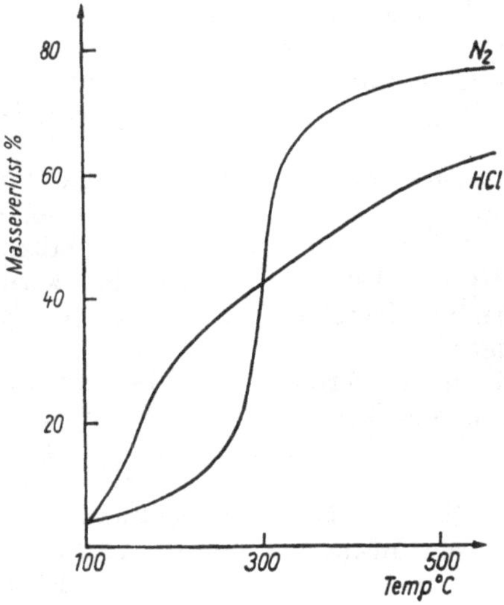

Abb. 2. Abbauprozeß von Cellulose – Abhängigkeit Masseverlust von der Temperatur in H_2 bzw. HCl

Verbindungen eine große Rolle spielen, z. B. Salze und Oxide des Aluminiums, Antimons, Hafniums, Bleis, Magnesiums, Mangans, Bariums, Kaliums, Berylliums, Bors, Cadmiums, Calciums, Germaniums, Cäsiums, Chroms, Kupfers, Molybdäns, Nickels, Urans, Vanadiums, Zinks und Zirkons [22]. Durch diese katalytischen Zusätze werden die Verweilzeiten wesentlich verkürzt. Um eine möglichst hohe Kohlenstoff-Ausbeute und ein gutes Fasermaterial zu erhalten, dürfen nur kleine Temperaturgradienten verwendet werden.

Die Vorbehandlung der Ausgangsfaserstoffe mit Säuren begünstigt ebenfalls die Gewinnung von Kohlenstoff-Faserstoffen mit besseren Eigenschaften und höherer Ausbeute [22]. Es gibt auch Anzeichen dafür, daß eine Vorbehandlung des Ausgangsmaterials mit Vorkondensaten reaktionsfähiger Harze, Bakelit und Furfurolharzen sowie durch Zusatz von Kohlenstoff zum Faserstoff möglich ist [4].

Die Zusätze beeinflussen den Ablauf der pyrolytischen Reaktionen und die Eigenschaften des zu pyrolysierenden Materials.

Wahrscheinlich spielen sie die Rolle von Strukturbildnern und begünstigen so die Gewinnung festerer Kohlenstoff-Faserstoffe. Die mineralischen Bestandteile der kohlenstoffhaltigen Substanzen können ein Skelett bilden, an dem bei der Pyrolyse die Ablagerung des Kohlenstoffes erfolgt [23].

Wichtig ist auch die Entfernung verschiedener Verunreinigungen; zu diesem Zweck werden die Ausgangsmaterialien mit Waschmitteln oder organischen Lösungsmitteln behandelt.

Gemeinsam ist allen Verkokungsprogrammen für Cellulosematerialien ein niedriger Temperaturgradient im thermischen Bereich von 200–400 °C, in welchem die für die späteren Eigenschaften der Faser entscheidenden Veränderungen eintreten. Die Pyrolyse muß dabei unter streng definierten Bedingungen durchgeführt werden [17, 18, 21, 56]:

- Ausschluß von Sauerstoff (Inertgas wie Stickstoff und Argon bzw. in Gegenwart von Dehydratationskatalysatoren wie PCl_5, HCl_{gas})
- langsames Durchfahren des Temperaturbereiches zwischen 200 und 400 °C (etwa 10 °C/Std. bis max. 20 °C/Std.).

Zusammenfassend läßt sich die bei der Verkokung von Celluloseregeneratfäden auftretende Abspaltung von Wasser, Kohlenoxiden u. a. vom organischen Makromolekül bis zum elementaren amorphen Kohlenstoff einfach mit Hilfe eines allgemeinen Formelschemas darstellen [17, 21]:

$$\underset{\text{Viskosefaden}}{(C_6H_{10}O_5)_n} \xrightarrow[\text{Pyrolyse}]{200-400\,°C} \underset{\text{teilweise karbonisiert}}{(C_{12}H_9O)_n} \xrightarrow[\text{Karbonisierung}]{700-1\,500\,°C}$$

$$\underset{\text{Kohlenstoff-Fäden}}{(C_{36}H_5O)_n} \xrightarrow[\text{Hochtemperatur-verstreckung}]{2700-3000\,^\circ C} \underset{\text{Graphit-Faser}}{(C_{28}H)_n}$$

Die Cellulose-Verkokung beginnt regelmäßig mit der Aufspaltung der 1.4-Glukosid-Bindung unter Bildung von Laevoglukosan.

Während der Pyrolyse kommt es zu einer erheblichen Gewichtsverminderung und einer dieser entsprechenden Längenschrumpfung. Dieser Effekt wird durch das Verknüpfen der aus den Celluloseringen entstandenen 4 C-Einheiten verursacht. Es wurden zwei Vernetzungsarten in Betracht gezogen, und zwar die longitudinale und transversale Polymerisation, wobei die erstere vorherrscht. Es gibt noch keine ausführlichen Beschreibungen der für die industrielle Erzeugung von Kohlenstoff-Fäden zweckmäßigsten technologischen Verfahren. Nur vereinzelt findet man einige Hinweise. In den USA hat man ein Verfahren zur Herstellung von Kohlenstoff-Fasern auf Basis von Celluloseregenerat-Faserstoffen bis zur technischen Produktionsreife entwickelt. Bei der Union Carbide Corporation (UCC) haben R. Bacon und Mitarbeiter seit 1959 an der Verbesserung der danach auf den Markt gebrachten Kohlenstoff-Fäden aus Viskosefäden-Precursors gearbeitet. Cellulose enthält nur 45 Gew.-% Kohlenstoff, so daß beim Karbonisieren ein sehr poröser Faden entsteht. Die ursprüngliche Molekülerweiterung geht dabei weitgehend verloren. Die ersten bei Temperaturen bis 1000 °C karbonisierten und bei Temperaturen über 2000 °C graphitierten sog. „Thornel"-Fasern von der UCC besaßen trotz ihres Gehaltes an Graphitkristalliten keine besonders große Festigkeit. Erst das Verstrecken der Fasern während der Graphitierung, das seit 1965 technisch entwickelt wurde, führte zu höchstorientierten steifen und festen Fasern mit einem Elastizitätsmodulbereich von $0{,}7 \cdots 7 \cdot 10^6$ kp/cm², Reißfestigkeitswerten von etwa $35 \cdot 10^3$ kp/cm² und Bruchdehnungen von 1—0,5%. Es ist aber verfahrenstechnisch sehr schwierig, Faserverstreckeinrichtungen im Temperaturbereich von 2500—3000 °C unter Inertgas zu betreiben. Folgendes Verfahren ist bekannt: Ein aus ca. 2000—3000 Einzelfäden bestehender Strang wird durch ein Gewicht belastet und anschließend in Inertgasatmosphäre auf etwa 2500 °C aufgeheizt. Dabei erfolgt in der heißen Zone eine Dehnung bis zu 200% und mehr. Hierbei verkleinert sich der Durchmesser der Einzelfäden von ca. 10 µm auf 5 µm. In Abb. 3 ist die Abhängigkeit der Reißfestigkeit und des Elastizitätsmoduls von der erzielten Reckung dargestellt. Nach Überschreiten eines gewissen Reckungswertes tritt eine Verschlechterung der Eigenschaften der Fäden ein. Diese kann mit Einschnürungen der Einzelfäden erklärt

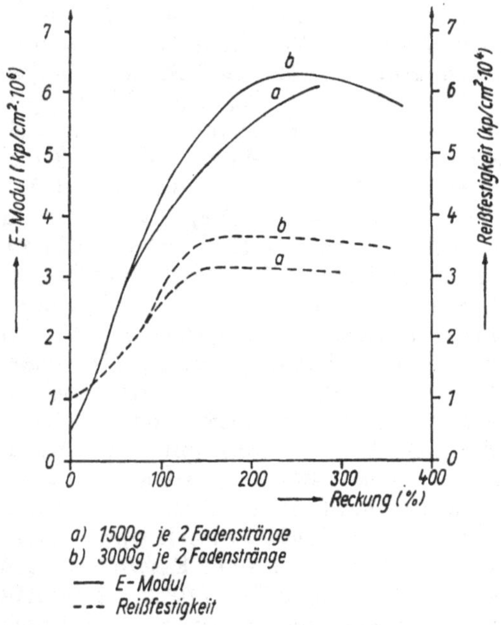

Abb. 3. Mechanische Eigenschaften von Kohlenstoff-Fäden in Abhängigkeit von der Reckung bei 2500 °C

werden. Die Festigkeitssteigerung ist auch von der spezifischen Belastung beim Recken abhängig.

Bei der neuesten industriell hergestellten Faser „Thornel 50 S" beträgt der Elastizitätsmodul $5{,}3 \cdot 10^6$ kp/cm², die Reißfestigkeit $26 \cdot 10^3$ kp/cm² und die elektrische Leitfähigkeit 1750 Ohm^{-1} cm^{-1} [24].

Die guten mechanischen Eigenschaften dieser aus Cellulose-Regeneratfäden gewonnenen Graphit-Fasern sind in erheblichem Maß, außer von den guten Herstellungsbedingungen davon abhängig, daß die Fibrillenbündel gegeneinander eine geringe Gleitfähigkeit aufweisen und daß die Graphitschichten weitgehend parallel zur Faserachse orientiert sind; letzteres setzt voraus, daß bereits das Ausgangsmaterial eine hohe Vororientierung aufweist (Fasertextur). Alle diese Forderungen werden von den sog. Festseiden, z. B. Fortisan — hochverstreckten Fäden aus regenerierter Cellulose — erfüllt. Aus diesem Grunde erhält man gerade bei ihrer Benutzung als Ausgangsstoff die höchsten Elastizitätsmodul- und Festigkeitswerte. Meist werden Viskosefäden der Feinheit 180 tex mit 720 Elementarfäden verwendet. Das Herstellungsverfahren wird folgendermaßen beschrieben [24]:

Zunächst muß die Viskoseseide langsam und stufenweise bis auf 400 °C erhitzt werden. Die Carbonisierung wird dann durch Erhitzen des Materials auf über 1000 °C schneller vervollständigt. Anschließend findet die Graphitierung bei Temperaturen über 2000 °C statt. Die Faser besteht dann zu 100% aus Kohlenstoff. Entscheidend ist, daß die Graphitfaser bei 2500 °C verstreckt wird. Bei einer Verstreckung um 50% steigt z. B. der Elastizitätsmodul von $1 \cdot 10^6$ auf $4 \cdot 10^6$ kp/cm² an. Gleichzeitig wird die Reißfestigkeit um etwa 10 auf $30 \cdot 10^3$ kp/cm² erhöht.

Von Gibson und Langlois [10] werden aus Viskosefäden in einem kontinuierlichen Verfahren unter Zugspannung während der Graphitierung Graphit-Fasern mit hohem Elastizitätsmodul (2,8—4,2 · 10^6 kp/cm^2) hergestellt; die Verstreckung wird auch hier bei 2500 °C vorgenommen.

Die Eigenschaften der wichtigsten Thornel-Faserstofftypen sind in Tab. 4 zusammengestellt.

Tabelle 4

Eigenschaften von Thornel-Kohlenstoff-Fäden

Kennwert		Thornel-Kohlenstoff-Fäden T-25	T-40	T-50	T-60	T-100
Elastizitätsmodul	[kp/mm² · 10³]	17,5	28	35	42	~ 70
Reißfestigkeit	[kp/mm²]	126	170	200	240	~350
Dichte	[g/cm³]	1,42	1,56	1,63	1,70	
Durchmesser	[µm]	7,3	6,8	6,6	6,1	
Querschnittsform		gezackt				

Die nordamerikanische Firma Hitco, Gardena, beschreibt eine kontinuierlich arbeitende Versuchsvorrichtung, in welcher der Precursor-Faden mit 80% Kohlenstoffgehalt zunächst in einem Röhrenofen angeheizt und dann zwischen Graphitwalzenpaaren unterschiedlicher Umlaufgeschwindigkeit bei einstellbarer Temperatur und Reckspannung bis zu 50% verstreckt wird. Die Walzenpaare dienen gleichzeitig als Elektroden für die Widerstandsheizung des Fadens auf Recktemperatur [25].

Im Government Industrial Research Institut in Osaka (Japan) werden Kohlenstoff-Fäden aus Viskosefasern oder Baumwolle hergestellt, in dem das Ausgangsmaterial in einer Chlorwasserstoffatmosphäre bei verschiedenen Temperaturen stufenweise bis 1000 °C pyrolysiert wurde. Dabei wurde kein wesentlicher Verlust von Kohlenstoffatomen (in Form von CO oder CO_2) beobachtet [130]. Während der Pyrolyse von 200—600 °C betrug der Verlust an Kohlenstoffatomen nur 3%.

Beobachtungen über das Verkohlen von Viskosefäden bei Temperaturen zwischen 230 und 260 °C wurden von S. E. Ross angestellt [21, 26]. Nach ihm sollen über die Cellulose-OH-Gruppen zunächst Vernetzungsreaktionen stattfinden. Die Temperatur und Erwärmungsgeschwindigkeit zwischen 150 und 300 °C haben auf die spätere Festigkeit der karbonisierten Viskosefäden keinen großen Einfluß.

In der UdSSR wurden von FIALKOW und ERMOLENKO die Viskosefasern vor der Pyrolyse mit Ammoniumphosphat imprägniert. Die Pyrolyse der „Cellulosephosphat-Fasern" bei 800 °C und anschließend bei 3000 °C ergab Graphit-Fasern [10].

Ferner wurde von J. S. SKORYNINA und S. S. GUSEV [27] eine Pyrolyse (bis 850 °C) von Pfropfcopolymeren aus Monocarboxycellulose und Acrylnitril vorgenommen. Die von ihnen erhaltenen Kohlenstoff-Fasern besaßen eine spezifische elektrische Leitfähigkeit von $5{,}9 \cdot 10^{-13}\ \Omega^{-1}\ \mathrm{cm}^{-1}$.

2.1.2 Herstellung von Kohlenstoff- und Graphit-Fäden aus Polyakrylnitril-Fasern

Das zweite Verfahren zur Herstellung von Graphit-Fasern geht von Polyakrylnitril-Fäden (PAN) als Ausgangsmaterial aus. Polyakrylnitril-Fäden bringen als günstige Voraussetzung den hohen Kohlenstoffgehalt von 69 Gew.-% und die schon am „Black Orlon" erwiesene Neigung des Fadenmoleküls zum Ringschluß mit, der allerdings bei der Graphitierung in anderen Bahnen verläuft.

Bereits 1961 hat SHINDO den thermischen Abbau von Polyakrylnitril-Fasern untersucht und gefunden, daß dieses Material — besonders nach einer Voroxydation — mit guten Kohlenstoffausbeuten zu hervorragend festen Kohlenstoff-Fasern führt.

Die einzelnen Schritte zur Herstellung von Graphit-Fäden sind:

- Voroxydation in Gegenwart von Luftsauerstoff, um eine thermische Zersetzung zu verhindern (160—320 °C)
- Carbonisierung 900—1500 °C
- Graphitierung ca. 2500 °C

Die Schwierigkeit besteht nun darin, die Carbonisierung unter Spannung durchzuführen, damit bei der Graphitierung die Orientierung beibehalten wird, so daß die Verstreckung in diesem Temperaturbereich entfällt.

Nach SHINDO ergibt sich für das Polyakrylnitril-Ausgangsmaterial folgender Pyrolysemechanismus:

Zunächst geht dem thermischen Abbau eine Voroxydation voraus, um ein Aufbrechen des Kettengerüstes und damit ein Schmelzen bzw. eine Zersetzung zu verhindern. Vor dem eigentlichen Verkokungsvorgang wird das Ausgangsmaterial bei 200—300 °C mit Sauerstoff behandelt.

Dabei treten Vernetzung und Cyclisierung ein. Es bildet sich eine Struktur aus kondensierten Dihydropyridinringen (1. Stufe). Oberhalb 350 °C wird der Stickstoff als Ammoniak oder Cyanwasserstoff abgespalten (2. Stufe). Über 600 °C tritt unter Dehydrierung weitere Vernetzung zu großflächigen graphitähnlichen Schichtmolekülen ein (3. Stufe). Infrarot-spektroskopisch konnte folgender Reaktionsablauf beobachtet werden:

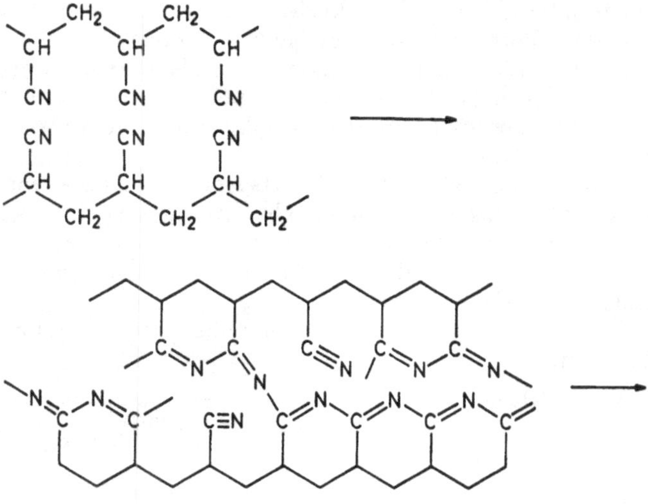

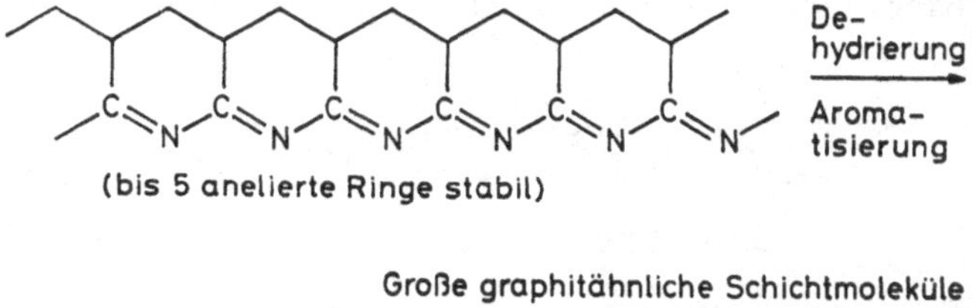

Abb. 4. Thermischer Abbau von Polyakrylnitrilfäden [8, 10]

Weiterhin wird folgender möglicher Abbaumechanismus für den Übergang des Polyakrylnitrilmoleküls in eine verkohlte Substanz diskutiert.

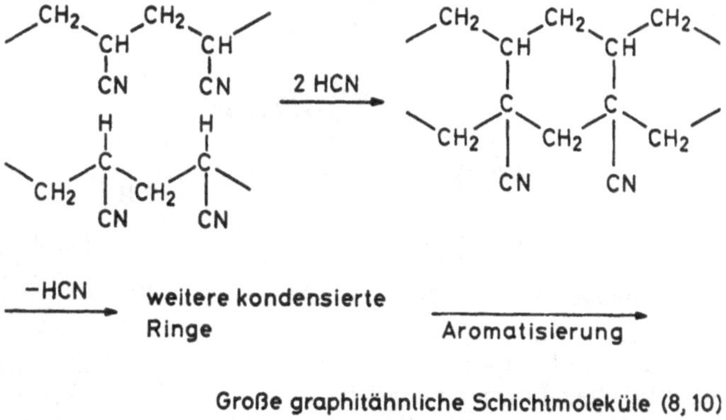

Abb. 5. Carbonisation von Polyakrylnitril [25, 29, 30, 31, 32]

Dabei entstehen sechsgliedrige Ringe in Form von Schichten, die parallel zur Fadenachse angeordnet sind [8, 28].

Durch Erhitzen von Polyakrylnitrilgewebe (HF Orlon, Fiber AF, Du Pont, USA) erhält man ein cyclisiertes Polyakrylnitril, aus dem sich Kohlenstoff-Fäden herstellen lassen. Wahrscheinlich erfolgt auch hier ein

Ringschluß innerhalb der Kette mit anschließender Dehydrierung:

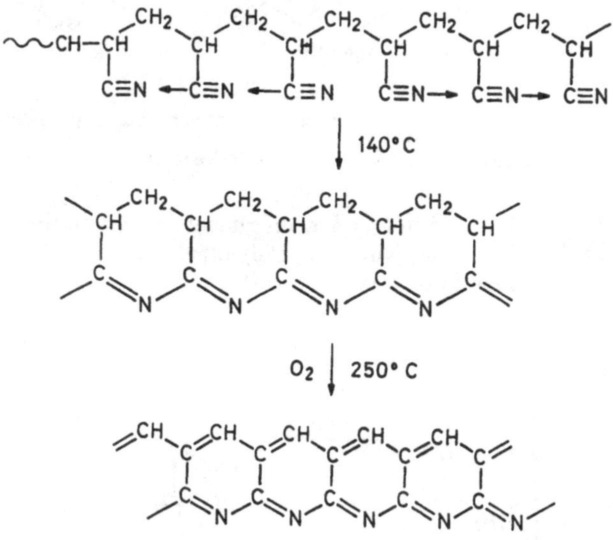

Abb. 6. Cyclisierung von Polyakrylnitril

Dieses Polynaphthyridin, das in einer bevorzugten strukturellen Form vorliegt, geht beim weiteren Erhitzen in eine Graphitstruktur über. Die Reaktion ist exotherm und geht mit einer starken Schrumpfung einher. Die optimale Sauerstoff-Konzentration beträgt 15–20%. Diese Kohlenstoff-Faser Fiber AF ist feuerfest und widersteht einer 100mal stärkeren Wärmestrahlung als gewöhnliche Textilgewebe. Bei längerer Einwirkung hoher Temperaturen verliert sie allmählich ihre Reißfestigkeit. Bei 900 °C wird sie innerhalb von 3 Stunden restlos abgebaut. Weitere Eigenschaften sind in Tab. 5 angegeben.

Tabelle 5

Physikalische Eigenschaften der cyclisierten Polyakrylnitril-Faser [32] im Vergleich zu unveränderter Polyakrylnitril-Faser

		Polyakryl-nitril-Faser	AF-Fiber(e) 2 Std. 285 °C	4 Std. 285 °C
Gewebe				
Gewicht	[g/m²]	203	352	440
Schußzahl		70 × 46	80 × 61	80 × 64
Reißfestigkeit	[kg]	–	4,75	5
Knitterwinkel	[°]	67	75	66
feuerfest		nein	ja	nicht ganz
Garn (Kettenfaden)				
Titer	[den]	400	524	551
Reißfestigkeit	[g/den]	4,1	1,0	1,5
Bruchdehnung	[%]	15,2	6,4	7,5
Maschenreißfestigkeit	[g/den]	3,7	0,9	1,1
Maschenbruchdehnung	[%]	13,2	2,5	4,3
Knotenreißfestigkeit	[g/den]	2,5	0,9	1,3
Knotenbruchdehnung	[%]	8,7	3,5	4,7
Elastizitätsmodul (a)	[g/den]	60	25	26
Elastische Erholung nach 3% Dehnung				
Arbeitserholungsvermögen	[%]	25	48	36
Dehnungserholungsvermögen	[%]	50	75	75
Scheuerfestigkeit (b) (Beanspruchungen bis zum Bruch)		450	11	16
Schlagzähigkeit	[g · cm/den · cm]	2,85	0,19	0,26
Bruch bei Verzwirnung (c) (Zahl der Umdrehungen bis zum Bruch)		25	10,5	11,5
Dauerbiegefestigkeit (c) (Zahl der Biegungen bis zum Bruch)		> 2000	9 – 11	200
Bruchtemperatur (d)	[°C]	155	> 300	

(a) Bei 1% Dehnung; (b) Garn gegen Garn; (c) Bei 0,1 g/den Belastung; (d) Bei 0,2 g/den Belastung; (e) Polyakrlynitril-Faser wurde erhitzt. (Zeit und Temperatur wie angegeben) und das Produkt gewaschen.

Die Faser eignet sich zur Herstellung feuerfester Bekleidung und Gewebe, von denen kein hoher Abriebwiderstand verlangt wird [30].

In Gegenwart von Sauerstoff verläuft die Pyrolyse

von Polyakrylnitril-Fäden nach einem anderen Mechanismus [25, 32, 33]:

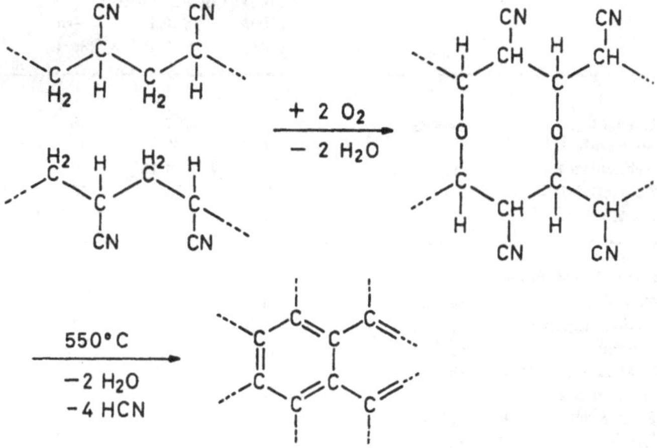

Abb. 7. Oxydative Pyrolyse von Polyakrylnitril

Weitere Vernetzungsreaktionen sind möglich, wobei der Sauerstoff eine bedeutende Rolle spielt. Diese Vernetzungsreaktionen können unabhängig voneinander ablaufen, haben aber zusammen die Bildung einer bevorzugten Graphit-Prekursorstruktur zur Folge. Folgende Strukturformeln wurden postuliert, welche die Existenz von Sauerstoff im oxydierten Polyakrylnitril bestätigen:

nach Watt [34]

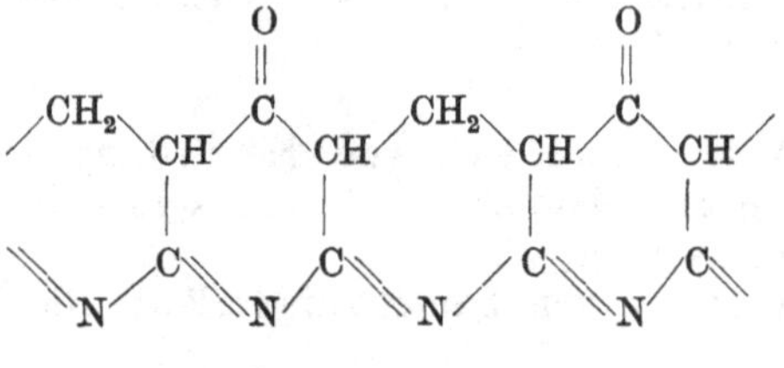

nach STANDAGE [35]

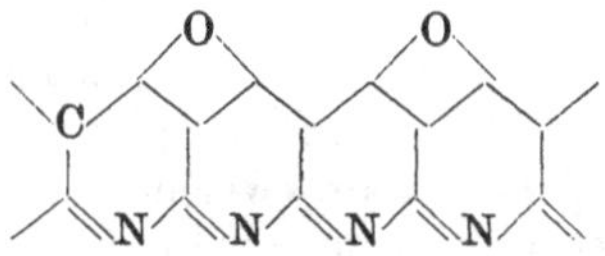

oder

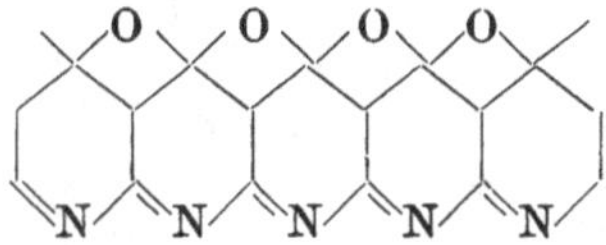

Die oxydierte PVY-Struktur nach WATT [34] mit Ketogruppen in den kondensierten Pyridinringen könnte zu Vernetzungsreaktionen mit intermolekularem Wasseraustausch führen. Diese Vorstellung über die Ring- und Strukturbildung während der Voroxydation und der anschließenden Carbonisierung sind allerdings recht vereinfachte Vorstellungen.

Neben der Bildung der bereits geschilderten Strukturen können ebenso viele unerwünschte Reaktionen beim Erhitzen der Polyakrylnitril-Fasern auftreten. Wenn diese Polymerisate zu schnell auf eine Temperatur über ca. 230 °C erhitzt werden, unterliegen sie einer thermisch eingeleiteten, autokatalytischen, stark exothermen Reaktion, die eine Verschmelzung zwischen den Fäden zur Folge hat. Sie bewirkt weiterhin einen Abbau der Kette, der zur Bildung einer sog. „harten" Verkohlung führt, die keine befriedigende Form der Graphit-Prekursorkohle darstellt. Die Bildung des unerwünschten „harten" Verkohlungsproduktes kann durch wirksames Abführen der überschüssigen Wärme verhindert werden. Es ist also wichtig, Verfahren zu entwickeln, bei denen die Zeit, die zur Voroxydation von Polyakrylnitrilpolymerisat und -copolymerisat-Fasern notwendig ist, entscheidend gekürzt wird. Ferner muß die Herstellung eines voroxydierten Polyakrylnitrilfasergarns der bevorzugten

Struktur für die nachfolgende Umwandlung zu Graphit-Fasern garantiert sein. Es wurden erfolgreiche Versuche zur Oxydation von Polyakrylnitril-Fasern durchgeführt. Dabei werden die Fasern unter Spannung in der ersten Stufe auf eine Temperatur zwischen 180 und 250 °C in einer Sauerstoff- und Brom-Atmosphäre solange erhitzt, daß um die Faser eine sauerstoffdurchlässige Hülle gebildet wird. In dieser ersten Stufe muß ausreichend Brom vorhanden sein, damit die aus der zweiten Stufe resultierende Faser wenigstens ca. 1 Gew.-% Brom enthält. Das Brom wird nach der ersten Stufe wieder entfernt.

Die Verweilzeit in dieser Stufe soll allerdings weniger als 1 Stunde betragen. In einer zweiten Stufe bei einer Temperatur über 270 °C wird unter Spannung in einem Sauerstoffmedium solange erhitzt, bis eine im wesentlichen vollständige Durchdringung des Sauerstoffs durch den Faserkern erfolgt ist. In beiden Stufen muß eine Spannung verwendet werden, die ein mehr als 20%iges Schrumpfen der Fasern verhindert. Die oxydierte Faser wird nachfolgend durch Erhitzen auf eine Temperatur von über 2500 °C in einem inerten Medium graphitiert. Die Graphitfaserproben aus dem Brom-Luft-voroxydierten Polyakrylnitril-Fasergarn wurden mittels der Elektronenmikroskopie geprüft und als hoch kristallin und orientiert befunden. Obwohl der genaue Mechanismus, der für die Bildung der dreidimensionalen Struktur verantwortlich zeichnet, nicht bekannt ist, nimmt man an, daß das in diesen Graphitfasern noch vorhandene Brom in gewisser Weise die Entwicklung einer hochorientierten Graphitstruktur fördert. Die durch das Brom-Luft-Verfahren erhaltenen voroxydierten Graphit-Fäden sind bei hohen Temperaturen feuerfest, flexibel und stabil [36]. Die nach diesem Verfahren gefertigten Fasern stehen den bisher bekannten Kohlenstoff-Fasern in ihren Eigenschaften nicht nach. Industriell wird dieses Verfahren z. Z. noch nicht genutzt.

Das wichtigste Verfahren zur Herstellung von Graphit-Fasern auf Basis von Polyakrylnitril-Faserstoffen mit sehr guten mechanischen Eigenschaften wurde in Farnborough (England) vom Royal Aircraft Establishment entwickelt [33]. Graphit-Fasern aus Polyakrylnitril-Fasern nach diesem sog. R. A. E.-Verfahren werden auch von der Firma Atomic Energy Research Establishment Harwell (England) hergestellt [37]. Bei diesem R. A. E.-Verfahren werden die Polyakrylnitril-Fasern unter Zugbelastung in Luft 20 Stunden lang auf 220 °C erhitzt. In einer Wasserstoffatmosphäre wird anschließend die Temperatur 24 Stunden auf 1000 °C gehalten. In diesem Stadium hat die carbonisierte Faser eine Reißfestigkeit von 18000 kp/cm^2 und einen Elastizitätsmodul von $1{,}4 \cdot 10^6$ kp/cm^2. Weiteres Erhitzen auf 2500 °C für 2 Stunden in einem Argonmedium erhöht den Elastizitätsmodul der Graphit-Faser auf $3{,}5 \cdot 10^6$ kp/cm^2. Erhitzt man noch weiter 15 min lang auf 2700 °C, so erhält man eine Graphit-Faser mit einem Elastizitätsmodul von $4{,}2 \cdot 10^6$ kp/cm^2 und einer Reißfestigkeit von ca. 25000 kp/cm^2. Bekannt ist die Relation zwischen den im Ausgangsmaterial der Polyakrylnitril-Faser vorhandenen Fehlern (wie z. B. Risse) und der Reißfestigkeit der Graphit-Faser. Watt untersuchte ferner den Einfluß der Längenänderung auf die Größe des Elastizitätsmoduls während der Oxydation von Polyakrylnitril-Fäden zu Kohlenstoff-Fasern [33].

Die oxydative Pyrolyse von PVY-Fasern nach dem R. A. E.-Verfahren bis 220 °C in trockener Luft führt zu einem Zwischenprodukt, das bei weiterer Pyrolyse unter H_2O- und HCN-Abspaltung zu einer Graphit-Faser führt, gemäß Abb. 7.

Nach den bekannt gewordenen R. A. E.-Unterlagen werden 300 m PVY-Faserbündel (tows) mit etwa 10000 Einzelfasern, die nach dem Trockenspinnverfahren hergestellt wurden, unter konstanter Spannung auf Rahmen gewickelt und an beiden Längsenden quergesteppt. Im ersten Schritt wird das gespannte Faservlies bei 300 °C an der Luft oxydativ vernetzt, wobei sich unter der mechanischen Spannung die Faserorientierung so weit verstärkt, daß für die folgenden Prozesse die Faservliese an den versteppten Enden vom Rahmen geschnitten werden müssen. Prinzipiell laufen zwei Prozesse ab: Oxydation und Schwärzung unter Einfluß des Luftsauerstoffs und Orientierung der Moleküle durch die zusätzliche Vorspannung der Fasern, die aus der Verhinderung des Schrumpfens resultiert.

Nach diesem — sowohl chemisch wie physikalisch kritischen — Prozeß folgt die Carbonisierung in einem zweiten Verfahrensschritt in Stickstoffatmosphäre bei über 1000 °C, während mehrerer Stunden. Dabei entstehen 7—8 μ dicke Fasern, deren jede mehr als 100 Fibrillen enthält. Das Fasermaterial liegt jetzt bereits als reiner Kohlenstoff vor. Gegenüber dem PVY-Ausgangsmaterial ist ein Gewichtsverlust von über 50% eingetreten. Ihre endgültigen mechanischen Werte erreichen die Fasern in einem dritten thermischen Behandlungsprozeß. Zur Erreichung optimaler Festigkeitswerte werden sie dabei einer Temperatur von etwa 1500 °C, für hohe Elastizitätsmodulwerte einer solchen über 2500 °C ausgesetzt. Bei ca. 1500 °C wird eine maximale Reißfestigkeit erhalten, dabei bleibt die Faser — im elektronenmikroskopischen Bereich — noch porig, netzartig strukturiert. Im Temperaturgebiet von 2500—3000 °C wachsen die Graphitkristallite meßbar in Größenordnungen von über 100 Å. Die Einzelfaser ist nach dieser Behandlung aus einer Vielzahl spindelförmiger Kohlenstoffkristalle aufgebaut, die in der Hauptrichtung orientiert sind. Diese Fibrillen sind dicht gepackt, ihre Zwischenräume scheinen durch amorphen Kohlenstoff ausgefüllt zu sein.

Die guten mechanischen Eigenschaften der Graphit-Fasern nach dem R. A. E.-Verfahren beruhen auf einem hohen Grad bevorzugter Orientierung der graphitisierten Schichten parallel zur Faserachse. Diese graphitähnlichen Schichtebenen sind die Folge der Verstreckung bei der Pyrolyse der PVY-Fasern im Temperaturbereich von 200 und 300 °C [25, 38].

Das beschriebene R. A. E.-Verfahren für Kohlenstoff-Fäden wurde in Lizenzen vergeben, so daß solche Fasern heute frei auf dem Markt verfügbar sind. Dabei handelt es sich im wesentlichen um zwei Typen, die entweder speziell auf hohe Reißfestigkeit oder auf hohen Elastizitätsmodul gezüchtet sind. Beide Faserarten können — nur durch den Hersteller — einer Oberflächenbehandlung unterzogen werden. Englische R. A. E.-Lizenznehmer sind u. a. die Firmen Morganite Research and Development Ltd. und Courtaulds Ltd. Unterschieden werden der Typ I (Hyfil) oder HM (high modulus) — Grafil — und der Typ II (Hyfil) oder HT (high tensile) — Grafil — mit der Zusatzbezeichnung T (treated, oberflächenbehandelt) und U (untreated, ohne Oberflächenbehandlung). Die von Courtaulds Ltd. hergestellte Kohlenstoff-Faser wird unter dem Warenzeichen Grafil und die von der Morganite Ltd. produzierte Kohlenstoff-Faser unter dem Namen „Hyfil" gehandelt. Beides sind R. A. E.-Lizenzverfahren. In Tab. 6 sind die Eigenschaftswerte der handelsüblichen Kohlenstoff-Fasern „Grafil" und „Hyfil" im Vergleich zu Stahl angegeben. Die R. A. E.-Faserstoffe werden gegenwärtig als Elementarfadenbündel von 300—3000 m Länge produziert. Das Produkt „Grafil" wird geliefert als Endlosfadenspinnkabel (in Längen bis zu 300 m), als 1,2 m lange Stapel, als sehr kurzstapelige Fasern mit Längen bis herab zu 6 mm sowie als Faserflocken mit einer Nennlänge von 2,5 mm. Der Durchmesser der einzelnen Fäden reicht je nach der Faserart von 8,3 bis 9,1 μm. „Modmor"-Fasern stehen als Faserschnitzel, in Längen von 0,25 bis 250 mm, als kurze Spinnkabel von 1 m Länge und als „mittellange" Kabel mit einer Länge von 30 bis 500 m zur Verfügung. Die Modmor-Fasern werden durchweg in der Form von Spinnkabeln hergestellt. Jedes Kabel besteht aus 10000 Fäden, von denen jeder Faden einen Durchmesser von etwa 8 μm hat.

Sowohl die Firma Courtaulds als auch die Firma Morganite liefern die Fasern als vorimprägnierte, kettenstarke „Bohnen". Courtaulds stellt ferner sog. Vliesmatten her. Die Zerreißfestigkeit der Kohlenstoff-Fasern im Baustoff-Sektor hängt weitgehend vom Adhäsionsgrad ab, den man zwischen den Fasern und der Harzimprägnierung des Verbundstoffes zu erreichen vermag. Beide Hersteller können unterschiedlich vorimprägnierte Fasern liefern [39].

Tabelle 6

Eigenschaften von handelsüblichen Kohlenstoff-Fasern [40]

Kohlenstoff-Fasern	Dichte [g/cm³]	E-Modul [kp/mm²]	Reißfestigkeit [kp/mm²]
Courtaulds Ltd			
Grafil			
Typ HMT		35100	181
Typ HTT		26500	230
Morganite Ltd.			
Hyfil			
Typ I	2,0	42200	176
Typ II	1,74	28200	282
Hochfester Stahl 99	7,87	21000	130
Hochfeste Glasfaser	2,54	8000	260

Sowohl die Festigkeitswerte als auch die Elastizitäts-Moduli der Hyfil-Faser sind ausgezeichnet. Alle Kohlenstoff-Fasern besitzen eine gute Chemikalienbeständigkeit. Stellvertretend für die anderen Fasern sollen die Versuchsergebnisse an Hyfil-Fasern gegenüber der Einwirkung von Säuren wiedergegeben werden (s. Tab. 7) [41].

Hoch anisotrope Graphit-Fasern aus Polyakrylnitril bzw. einem Polyakrylnitril-Copolymerisat werden von der Tokai Electrode Mfg. Co. Ltd. (Japan) hergestellt. Diese Graphit-Faser mit dem Handelsnamen HMS-Thermalon-S hat einen hohen Grad an bevorzugter Orientierung von 0,935, eine hohe Anisotropie, Elastizitätsmoduli von 3,5 bis $6{,}3 \cdot 10^6$ kp/cm² und Reißfestigkeiten von 10 bis $17 \cdot 10^3$ kp/cm² [42]. Die Kristall-

Tabelle 7

Chemikalienbeständigkeit der Hyfil-Faser gegenüber Säuren

Behandlung	Temp. [°C]	Zeit [Std.]	Wirkung auf die physikal. Eigenschaften	Wirkung auf die Farbe
2% HNO_3	100	1	keine	keine
5% H_2SO_4	100	1	keine	keine
5% $NaHSO_3$	100	1	keine	keine

größen und Schichtebenenabstände sind eine Funktion der Herstellungstemperaturen. Weitere Kohlenstoff-Fasern aus Polyakrylnitril werden in Japan von OTANI und ferner von SHINDO durch stufenweise Pyrolyse in einem Stickstoffschutzmedium bis 1000 °C und gegebenenfalls durch Oxydation vor dem Erhitzen hergestellt [10]. Von JAMADA [4, 43] wird die Herstellung von verkohlten Faserstoffen durch Pyrolyse und anschließende Graphitierung von Polyakrylnitril-Faserstoffen beschrieben, die vorher in einem oxydierenden Medium auf 200 bis 350 °C erhitzt worden sind. Die Festigkeit derartiger Fäden beträgt 50—100 kp/mm². Auf der Grundlage dieses Faserstofftyps wurden Kohlenstoffgewebe der Marken CF-2-P, CF-3p, CF-20, CFG-10p u. a. entwickelt.

Auch in der UdSSR wurden bereits in den Jahren 1959 und 1960 partiell und vollständig carbonisierte Faserstoffe aus Polyakrylnitril-Faserstoffen durch Behandlung bei 475 bzw. 1000 °C erhalten [44]. Vor der Pyrolyse dieser Faserstoffe werden sie an der Luft bei 200 bis 220 °C behandelt. Die besten Ergebnisse wurden mit Fäden der Feinheit 250—140 mtex (Nm 4000—7000) erhalten

Von GIBSON und LANGLOIS wird ein kontinuierliches Verfahren zur Herstellung von Graphit-Fasern aus PVY- oder Viskosefäden unter Zugspannung während des Graphitisierens beschrieben. Ähnlich dem bereits ausführlich beschriebenen R. A. E.-Verfahren stellten EZEKIEL und SPAIN sowie STANDAGE und MATKOWSKY aus

PVY-Fäden unter Zugspannung und Voroxydation bei Temperaturen zwischen 200 und 375° Graphit-Fasern her [10].

Erwähnenswert ist noch die superhochtemperaturbeständige Faser „Carbolon". Sie ist eine carbonisierte modifizierte PVY-Faser und soll bis 5400 °C beständig sein. Ihr Hersteller ist die Nippon Carbon Co., Japan [45].

Für die Herstellung von Kohlenstoff-Fäden normaler Festigkeit können auch Polyakrylnitril-Copolymerisate eingesetzt werden. In diesem Falle werden Fäden mit einer höher orientierten Struktur erhalten [4, 43].

Untersucht wurde auch die Möglichkeit, dem Polyakrylnitril-Faserstoff vor der Pyrolyse verschiedene Stoffe zuzusetzen [46]. So wird z. B. die Festigkeit des verkohlten Faserstoffs durch Borax und Kieselsäuresol erhöht.

Die Verfahren zur Graphitierung von Polyakrylnitril-Faserstoffen erfordern äußerst präzises Arbeiten bei extrem hohen Temperaturen, sind aber dennoch einfacher als die von einem Cellulose-Precursor ausgehenden Verfahren, da unter Spannung karbonisierte Polyakrylnitril-Fasern so viel innere Orientierung beibehalten, daß das Material während des Graphitierens nicht verstreckt zu werden braucht.

Zur Herstellung von Kohlenstoff-Fäden aus Polyakrylnitril-Fasermaterial wurden auch spezielle PVY-Faserstoffe entwickelt. So wurden z. B. Copolymerisate aus Akrylnitril und einer Hydroxymethylakrylverbindung der allgemeinen Formel

$$\begin{array}{c} CH_2{=}C{-}X \\ \quad | \\ R{-}CHOH \end{array}$$

synthetisiert, wobei X eine Phenyl- oder Naphthylgruppe, die Substituenten, wie Halogenatome, Nitro-, Cyan-, Carboxyl- oder Carboxyalkylgruppen aufweisen kann, und R ein Wasserstoffatom oder eine Alkylgruppe, Arylgruppe, Cycloalkyl- oder Arylalkylgruppe sein kann.

Das Verhältnis der Hydroxymethylakrylverbindung zu Akrylnitril liegt von 0,05 bis 20 Mol.-%, vorzugsweise bei 0,1—5 Mol.-%. Die Copolymerisatlösung wird nach dem Naßspinnverfahren versponnen und unter Spannung während 3 Stunden bei 230 °C in Luft wärmebehandelt und dann bis zu einer Temperatur von 2800 °C pyrolysiert. Es entstehen Graphit-Fäden hoher Festigkeit und Elastizitätsmoduli, die in Tab. 8 angegeben sind.

Tabelle 8

Kohlenstoff-Fäden aus Copolymerisaten von Akrylnitril und Hydroxymethylakrylverbindungen des Typs

Substituent *Y* des Comonomeren	Kohlenstoff-Fäden Festigkeit [kp/mm^2]	E-Modul [kp/mm^2]
p-$COOCH_3$	320	75000
p-NO_2	295	72000
m-NO_2	293	69000
p-CN	315	74000
o-CN	310	73000
p-Cl	285	68000
o-Br	300	71000
p-F	320	64000
m-J	308	72000

In der Literatur werden weiterhin verschiedene PVY-Copolymerisat-Fäden, unterschiedliche Temperatur- und Verstreckbedingungen beschrieben, die aber letztlich zu Kohlenstoff-Fäden mit vergleichbaren Eigenschafen führen [48].

2.1.3. Herstellung von Kohlenstoff- und Graphit-Fasern aus Butadien, Teer, Pech oder aus geschmolzenem PVC-Pyrolysaten

Bereits 1950 wurden die ersten Forschungsarbeiten zur Cyclisierung von Butadien zwecks Herstellung von Kohlenstoff-Fasern durchgeführt. Der Minnesota Mining and Manufacturing Co. USA gelang es, aus Butadien die temperaturbeständige Kohlenstoff-Faser „Pluton" zu entwickeln. Mit Geweben aus solchen Fasern wurden interessante Experimente durchgeführt. Diese Faser verändert sich in der Flamme eines Bunsenbrenners nicht. Durch ein Plutonfasertuch läßt sich flüssiges Eisen filtrieren, ohne daß das Gewebe dabei zerstört wird. Allerdings sind diese Stoffe an der Luft schon bei Temperaturen von nur 200 °C wenig oxydationsbeständig. Ihre Fähigkeit, hohe Temperaturen auszuhalten, läßt sich deshalb nur dann laufend nutzen, wenn der Zutritt von Luft ausgeschlossen wird. Pluton-Fasern besitzen nach 15stündigem Erhitzen auf 200 °C nur noch die Hälfte ihrer ursprünglichen Festigkeit. Cyclisiertes Polyakrylnitrilmaterial — als auch Asbestfasern — vertragen eine Erwärmung noch weniger. Reißfestigkeit und die Elastizitätsmodulwerte sind nicht überdurchschnittlich hoch. Dies entspricht der chemischen Struktur.

Abb. 8 zeigt das Herstellungsschema für die Pluton-Faser.

Die aufgezeigte Struktur der annelierten Ringe kommt in Form kleinerer Segmente (höchstens 4—5 Ringe) in der Kette vor. Es erscheint aber ausgeschlossen, daß sich eine durchgehende Kette aus annelierten Ringen bildet, weil derartige Systeme mit mehr als 5 Ringen nicht einmal bei Raumtemperatur beständig sind, während die Pluton-Faser für kurze Zeit auf über 1000 °C erhitzt werden kann, ohne sich zu zersetzen. Eine exakte Formulierung der dehydrierten Leiterpolymeren ist nicht möglich. Bei der Carbonisierung der Vorprodukte zur Pluton-Faser mit 80—95 Gew.-% Kohlenstoff entstehen nur kurze Leiterchen. Sequenzen von drei oder wenig mehr miteinander verknüpften Ringen [25, 32].

Ein Leiterpolymeres mit ähnlicher Struktur und ähnlichem Aussehen erhält man durch Erhitzen von Polyakrylnitril-Geweben (HF Orlon, Fiber AF, Du Pont) (s. Abschn. 2.1.2.).

Die Herstellung von Kohlenstoff- und Graphit-Fäden

aus Pech wurde vorwiegend von Otani u. Mitarb. (Gunna-Universität, Kiryu, Japan) entwickelt [49]. Geeignetes Ausgangsmaterial ist aus Polyvinylchlorid oder aus Petroleumasphalt oder Teer gewonnenes Pech. Bei der Herstellung von Kohlenstoff-Fasern aus Pech,

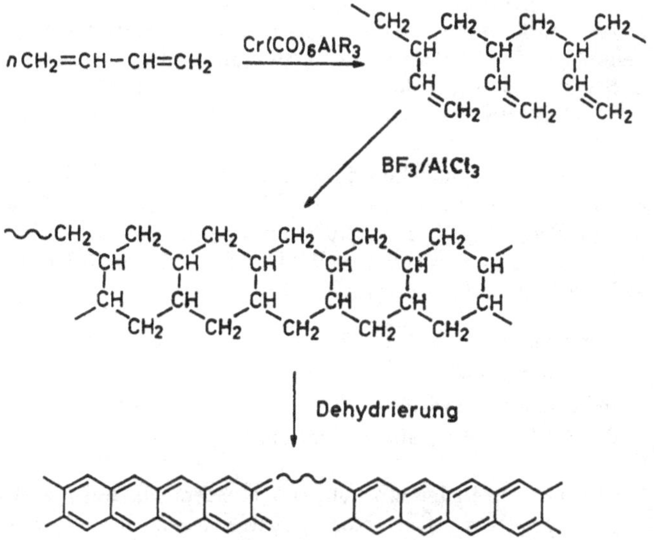

Abb. 8. Darstellung der Plutonfaser (Leiterpolymeres)

das aus PVC-Pyrolysaten stammt, wird das PVC-Pulver zunächst bei 400 °C in einem Stickstoffschutzmedium in Pech überführt. Dieses Pech wird bei 200° viskos gehalten und versponnen. Die entstandenen Fasern werden bei 1000 °C carbonisiert; hierbei bewirkt eine Spannung von 7,2 mg/den eine Verbesserung der Reißfestigkeit um 40% und des Elastizitätsmoduls um 25%. Diese Kohlenstoff-Fasern müssen eine Reißfestigkeit von $15 \cdot 10^3$ kp/cm² und einen Elastizitätsmodul von $0{,}5 \cdot 10^6$ kp/cm² haben. Durch weiteres stufenweises Erhitzen auf 1350 °C, 2200 °C, 2600 °C bis 3000 °C werden nach OTANI hoch anisotrope Graphit-Fasern erhalten.

Bei der Herstellung von Kohlenstoff-Fasern aus Petroleumasphalt wird dieser nach OTANI [50—55] in einem Stickstoffmedium zunächst auf 380 °C und anschließend im Vakuum auf 300—360 °C erhitzt. Die aus dem geschmolzenen Pech gezogenen Asphaltfäden werden mit einem Gemisch aus Ozon und Luft bei 60 °C behandelt, bis 260 °C in Luft erhitzt und dann bei 1000 °C in Stickstoff-Atmosphäre carbonisiert. Die Reißfestigkeit der erhaltenen Kohlenstoff-Fasern beträgt 3000 bis 13000 kp/cm^2.

Von der Kureha Chemical Industry Co. Ltd. (Tokio) wurden Kohlenstoff- und Graphit-Fäden aus geschmolzenem Pech („molten pitch") hergestellt, daß aus PVC-Pyrolysaten gewonnen wurde. Die Produktion im halbtechnischen Maßstab umfaßt folgende Stufen:

— Herstellung von Pech aus PVC durch Pyrolyse
— Schmelzspinnen
— Behandlung mit Ozon
— Oxydation an der Luft und Sintern.

Das Verfahren ist einfach, die Kosten wurden als gering angegeben. Die Kohlenstoff-Fasern haben eine Reißfestigkeit von $10 \cdot 10^3$ kp/cm^2 und einen Elastizitätsmodul von $0{,}7 \cdot 10^6$ kp/cm^2 bei einem Durchmesser von 8 μm [60].

Die Kureha Chemical Industry Co. Ltd. verarbeitet die als Nebenprodukte bei der Produktion von Äthylen und Acetylen aus Rohöl anfallenden Pech- und Teerprodukte zu Kohlenstoff- oder Graphitfasern. Das Material wird mit Dampftemperaturen von etwa 2000 °C behandelt, um eine Verspinnung zu ermöglichen. Die ersponnenen Fäden werden an der Luft gehärtet und anschließend eine Stunde bei 1000 °C geglüht. Der Glühprozeß ist also wesentlich kürzer als bei der Herstellung von Kohlenstoff-Fasern auf der Basis von Viskose- und

Polyakrylnitril-Fäden, bei denen er mehrere Tage andauern muß. Eine Behandlung bei einer Temperatur um 3000 °C läßt die Fäden zu Graphit-Fasern werden. Diese können wie herkömmliche Textilfasern versponnen, verwebt und verfilzt werden. Nach Behandeln mit einem phenolischen Kunstharz in fester Plastform lassen sie sich in der Industrie in sehr verschiedener Weise verwenden [61, 62]. Es wird ein Preis von weniger als 20 Dollar/kg angestrebt. Desweiteren werden von der Kureha Chemical Industry Co. Ltd. Kohlenstoff- bzw. Graphit-Fäden aus organischen Verbindungen mit vorwiegend kondensiert-polycyclischer Struktur und einem Kohlenstoffgehalt von 91—96,5% sowie einem mittleren Molekulargewicht von mindestens 400 (Phenanthren und Chrysen) hergestellt. Das harzartige Material aus größeren kondensierten Ringen bestehend wird unter Stickstoff mit einer Steigerungsgeschwindigkeit von 10 °C pro Minute auf 1200 °C und weiter mit einer Steigerungsgeschwindigkeit von 500 °C pro Minute auf 2400 °C erhitzt. Das harzartige Material wird dann mit einer Spinngeschwindigkeit von 1700 m/min und einer 4500-fachen Verstreckung schmelzversponnen. Anschließend werden die Fasern einer thermischen Nachbehandlung auf 3000 °C mit einer Aufheizgeschwindigkeit von 1 °C/min unter Belastung erhitzt. Die auf diese Weise hergestellte Graphit-Faser besitzt eine hohe Reißfestigkeit von 156 kp/mm^2 sowie einen Elastizitätsmodul von 30600 kp/mm^2 [63].

Auch in den USA werden Kohlenstoff- und Graphit-Fäden aus Pech von PVC-Pyrolysaten industriell erzeugt. R. Bacon (Union Carbide Co.) stellte fest, daß sich die Qualität der Fäden beim Erhitzen bis 1000 °C unter Zugbelastung umso mehr verbessert, je höher die Belastung während des Erhitzens war. Der Elastizitätsmodul stieg bei Hitzebehandlung über 2400 °C an [10]. Mit der Produktion sehr zugfester Graphit-Fasern aus billigen Teermaterialien und Petroleumrückständen, Asphalt und Steinkohlenteer beschäftigt man sich ferner im Centre for Materials, University of Vancouver, Kanada. HAWTHORNE, BENTALL u. Mitarb. haben dort Graphit-Fasern mit einem Elastizitätsmodul von $4{,}9 \cdot 10^6$ kp/cm² und einer Reißfestigkeit von 28000 kp/cm² hergestellt [64]. Diese Werte sind mit denen der aus Polyakrylnitril-Fasern erhaltenen Graphit-Fäden vergleichbar; diese neuen Fasern aus Teer lassen sich aber erheblich billiger produzieren.

In der Sowjetunion hat man entdeckt, daß es außer dem Diamant und dem Graphit noch eine 3. allotrope Kohlenstoffmodifikation gibt, das sog. Carbin. Bei der Carbinsynthese geht man vom Acetylen aus, das dehydrierend polykondensiert wird:

$$n\mathrm{HC{\equiv}CH} \xrightarrow[\text{Amin}]{\mathrm{Cu^{2+}}} \mathrm{Cu(-C{\equiv}C-)_nCu} \xrightarrow{\text{Oxydation}} \mathrm{(-C{\equiv}C-)_n}$$

Bei dieser Umsetzung spielen komplexe Kupferacetylide, die in der ersten Reaktionsstufe entstehen, eine große Rolle. Sie stabilisieren die anfangs gebildeten Ketten niedermolekularer Polyine, indem sie das Entstehen von intermolekularen Bindungen (d. h. von Kettenverzweigungen) verhindern. Das auf diesem synthetischen Wege gewonnene feinkörnige, schwarze Pulver Carbin wird mit Graphit verbunden, zu Kohlenstoff-Fasern verarbeitet, deren Festigkeit die besten Stahlsorten übertrifft [65].

2.1.4. Herstellung von Kohlenstoff- und Graphit-Fasern aus Polyvinylalkohol, Polyamiden, Lignin und anderen Polymeren

Hochorientierte kristalline Kohlenstoff-Fäden wurden von SHINDO, NAKANISHI und OTANI in Japan aus Polyvinylalkohol-Fäden durch Erhitzen in Säuredämpfen, z. B. HBr, HCOOH oder CH_3COOH oder einem gasförmigeren Säureanhydrid, bestehend aus Distickstoffmonoxid- (N_2O) oder Schwefeldioxidgas (SO_2) erhalten. Die Fasern aus Polyvinylalkohol werden zunächst voroxydiert, bis zu einer Temperatur von 340 °C dehydriert und dann bei 1000 °C carbonisiert. Es werden aber während der Voroxydation des PVA etwa 25% der Kohlenstoffatome aus dem Gefüge eliminiert. Bei der anschließenden Dehydrierung bis 340 °C und der Carbonisation bis 1000 °C tritt kein merklicher Verlust an Kohlenstoffatomen mehr ein. Die Reißfestigkeiten der Kohlenstoff-Fasern betragen $2-9 \cdot 10^3$ kp/cm², die E-Modulwerte $1-9 \cdot 10^5$ kp/cm², je nach Hitzebehandlung [10, 66].

Ezekiel berichtet über die Herstellung von Graphit-Fäden aus einem aromatischen Polyamid oder einem aromatischen Polyimid [67]. Die Garne aus einem aromatischen Polyamid werden zunächst zur Stabilisierung mit Luft oxydiert. Dann wird in einem kontinuierlichen Verfahren bei 915—1010 °C carbonisiert und anschließend bei 2500—2850 °C graphitisiert. Bei Fäden mit großem Durchmesser und bei ungenügender Oxydation entstehen Kohlenstoff-Fäden mit Hohlräumen. Die Kohlenstoff-Fäden mit den besten Eigenschaften haben eine Reißfestigkeit von $4{,}7 \cdot 10^3$ kp/cm² und einem E-Modul-Wert von $0{,}8 \cdot 10^6$ kp/cm². Nach der Graphitisierung betragen die Werte nur $4{,}3 \cdot 10^3$ bzw. $0{,}6 \cdot 10^6$ kp/cm².

Die Graphitisierung von Kynol [1], einer Faser der Carborundum Co., USA, aus Phenolharz, führt bei 2500 °C mit 60% Ausbeute zu einer Graphit-Faser. Auch Phenol-, Furanmassen und Novolacke wurden gemeinsam als Dreikomponentenharze versponnen und durch allmähliches Erhitzen auf 1000 °C carbonisiert. Der E-Modul, dieser von der Tokai Electrode Mfg., Co. Ltd., Japan, entwickelten Kohlenstoff-Faser, beträgt $0{,}35-0{,}70 \cdot 10^6$ kp/cm² [68].

Die Nippon Kayaku Co., Japan, hat aus Lignin die Kohlenstoff-Faser „Kayacarbon" entwickelt. Sie wird bereits im technischen Maßstab hergestellt. Kayacarbon ist die billigste aller in der Welt erhältlichen Kohlenstoff-

Fasern. Als Niedrig-Modul-Faser besitzt sie ausgezeichnete Eigenschaften; ein breites Einsatzgebiet kann ihr bereits heute vorausgesagt werden.

Holz enthält 50—60% Cellulose, 20—30% Lignin und 20—30% Zucker und andere Substanzen. Die Cellulose wird in der Zellstoff-, Zucker- und Gärungsmittelindustrie verwendet. Lignin wurde jedoch bisher entweder als Abfallprodukt weggeworfen oder als Heizmaterial verbrannt. Lignin wird nun zwecks Herstellung einer Spinnmasse in einem Lösungsmittel gelöst, wobei als Zusatzstoff Polyvinylalkohol zugegeben wird. Diese viskose Lösung wird im Trockenspinnverfahren zu Fäden versponnen. Die Fäden werden zu Zwirnen, Stoffen, Borten usw. verarbeitet, die dann carbonisiert werden. Diese Carbonisationsstufe ist von derjenigen für Viskose- und Polyakrylnitril-Fäden verschieden. Wenn Viskose- oder Polyakrylnitril-Fäden in einem inertem Gas carbonisiert werden, beschleunigt die exotherme, unterhalb 400 °C stattfindende Reaktion, den Depolymerisationsvorgang der Faser außerordentlich und vermindert damit die Festigkeit der Kohlenstoff-Faser. Dies verhindert man dadurch, daß man die Erwärmungsgeschwindigkeit stark herabsetzt, damit die Reaktionstemperatur nicht außergewöhnlich ansteigt. Dieser Schritt verlängert jedoch die Carbonisierungsreaktion. Im Falle von Lignin tritt eine solche exotherme Reaktion bei 100—400 °C praktisch überhaupt nicht auf, so daß die Carbonisierungsreaktion unbeeinflußt ablaufen kann. Die Faserfestigkeit wird auch nicht durch Erhöhung der Erwärmungsgeschwindigkeit beeinträchtigt. Im einzelnen ergeben eine Carbonisierungszeit von 30 Minuten bis 5 Stunden ein Produkt, das genügend Festigkeit für alle praktischen Einsatzgebiete besitzt. In Abb. 9 wird das Herstellungsschema für die Kohlenstoff-Faser aus Lignin aufgeführt.

Diese Kohlenstoff-Faser besitzt natürlich die allgemeinen Vor- und Nachteile des Kohlenstoffs. Sie hat einerseits folgende vorteilhaften Eigenschaften:

- Hohe Hitze- und Korrosionsbeständigkeit
- Elektrische Halbleiterfähigkeit
- Relativ geringes spezifisches Gewicht

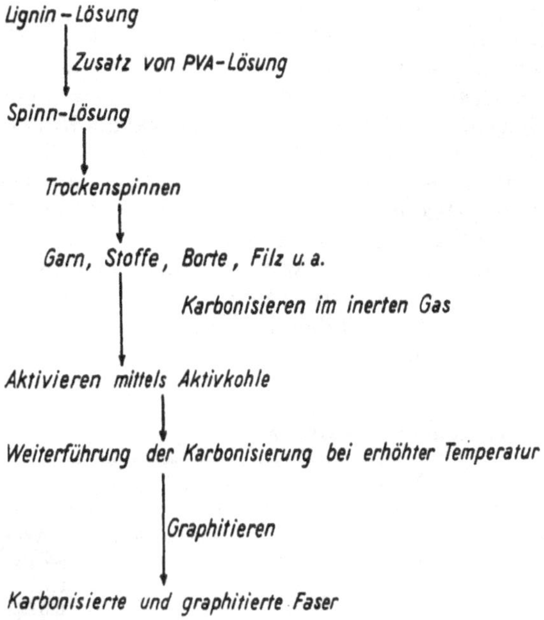

Abb. 9. Herstellungsschema für Kayacarbon-Faser

Andererseits weist sie folgende Nachteile auf:

- Leichte Oxydation an Luft bei hohen Temperaturen
- Neigt stark zum Verschleiß

Kohlenstoff-Fasern aus Lignin besitzen einen kokonförmigen Querschnitt. Der Faserdurchmesser beträgt im Mittel 12–14 µm. Bei dieser Kohlenstoff-Faser nimmt die Festigkeit linear mit steigender Carbonisierungs-Temperatur zu und stabilisiert sich bei Temperaturen von ca. 1200 °C. Die Festigkeit von Kohlenstoff-

Fasern aus Viskose- und Polyakrylnitril-Fäden fällt jedoch bei 1200 °C ab.

Kayacarbon ist bei Temperaturen unter 500 °C fast nichtleitend, aber ihr elektrischer Widerstand verändert sich bei 600—800 °C auffallend. Sie verwandelt sich in einen Halbleiter. Über 1000 °C bleibt der elektrische Widerstand fast unverändert, selbst wenn die Carbonisierungstemperatur erhöht wird. Kayacarbon zeigt einen geringfügig größeren elektrischen Widerstand als Kohlenstoff-Fasern aus Polyakrylnitril und zwar deshalb, da die aus Lignin hergestellte Kohlenstoff-Faser zu einer amorphen Struktur neigt. Dagegen weisen Kohlenstoff-Fasern aus PAN eine kristalline Struktur auf. Die Hitze- und Korrosionsbeständigkeit von Kayacarbon ist ebenso gut wie die der anderen bekannten Kohlenstoff-Fasern. In Tab. 9 ist die Chemikalienbeständigkeit von Kayacarbon angegeben [69].

Tabelle 9

Chemikalienbeständigkeit der Kayacarbon-Faser

Lösung	Konz. [%]	Versuchsbedingung	
Salpetersäure	60–62	Zimmertemperatur	170 Std.
Schwefelsäure	98		360 Std.
rauch. HNO_3	91		150 Std.
rauch. H_2SO_4	25		150 Std.
Brom	100	60 °C	100 Std.
Jod	100	190 °C	100 Std.
Flußsäure	50	Siedepunkt	50 Std.
Salzsäure	25	Siedepunkt	20 Std.
Salzsäure	35		360 Std.
Königswasser	HNO_3 35		150 Std.
	HCl 60–62		
Natronlauge	47		360 Std.
Ammoniakwasser	28	Zimmertemperatur	360 Std.
Essigsäure	99		360 Std.
Toluol			360 Std.
Chlorbenzol			360 Std.
o-Nitrotoluol			360 Std.

(Praktisch beständig gegenüber allen Korrosionsmitteln in einem weiten Temperaturbereich.)

Die Herstellung von Kohlenstoff-Fasern aus Wolle [70] und Hemicellulose [71] soll hier nur erwähnt werden.

Durch Carbonisierung von Polymethylvinylketon-Fasern wurden in jüngster Zeit Kohlenstoff-Fasern mit guten Eigenschaften erhalten.

Die Polymethylvinylketon-Fasern werden so denaturiert, daß sie eine ausreichende Temperaturbeständigkeit aufweisen und die Carbonisierungsbedingungen ohne unzulässige Entgasung oder Formveränderungen überstehen.

Das Polymethylvinylketon kann leicht cyclisiert werden, und zwar durch eine Kontaktreaktion mit ammoniakalischen, alkalischen, saueren oder entsprechenden organischen Lösungsmitteln. Die Dehydrierung erfolgt in Lösungen von Alkohol und Tetrahydrofuran, wobei Wärme und/oder ultraviolette Strahlen zur Beschleunigung der Reaktion angewendet werden. Die Dehydrierungsreaktion kann durch folgendes Formelschema wiedergegeben werden:

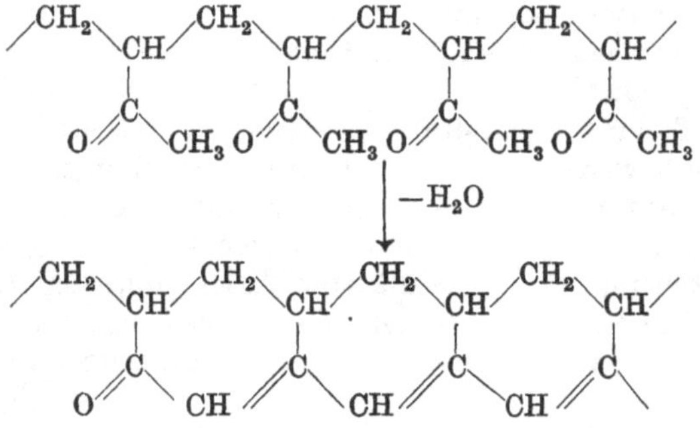

Je höher die Isotaktizität des Polymethylvinylketons ist und je höher der Grad der Kristallorientierung der Fasern ist, umso bessere Cyclisierung der Verbindung erreicht man. Das ist wiederum wesentlich für die Verbesserung der Carbonisierungsausbeute und des Elastizitätsverhalten der Kohlenstoff-Faser.

Nach einer Cyclisierung und Carbonisierung bei 350 °C erfolgt der Graphitisierungsprozeß in einer inaktiven Atmosphäre bei einer Temperatur von mehr als 2000 °C. Die aus Polymethylvinylketon-Fasern hergestellten Graphit-Fasern weisen eine Reißfestigkeit von 18000 kp/cm² und einen Elastizitätsmodul von 25000 kp/mm² auf [72].

Bei den bekannten Carbonisierungsverfahren werden stets hohe Gewichtsverluste von etwa 85% bei Viskose- und von etwa 65% bei Polyakrylnitril-Fäden beobachtet. Obwohl durch eine vorgeschaltete Oxydation dieser Gewichtsverlust auf 60% bzw. 40% herabgesetzt werden kann, sind die entsprechenden Werte noch zu hoch. Derartige Gewichtsverluste sind insbesondere deshalb unerwünscht, weil sie auf der Bildung von Hohlräumen in den Kohlenstoff-Fäden zurückzuführen sind und weil diese Hohlräume bezüglich der Festigkeit schwache Stellen darstellen. Beim Carbonisieren von Poly-(2.6-diphenyl-p-phenylenoxid-Fasern) zu Kohlenstoff-Fäden sind die beobachteten Gewichtsverluste wesentlich geringer als bei den bekannten Verfahren. Vor der eigentlichen Carbonisierungsbehandlung erfolgt eine Voroxydation bei 300—480 °C. Eine derartige Voroxydation betrifft sowohl eine eigentliche Oxydation unter dem Einfluß von Sauerstoff als auch eine Dehydrierung. Dadurch werden die Kohlenstoffatome zu neuen Strukturen zusammen gelagert und die Molekülketten werden miteinander vernetzt. Infolge dieser Vernetzung ist die Orientierung der Molekülketten fixiert und bei der anschließenden eigentlichen Carbonisierungsbehandlung werden die Graphitkristalle in einem orientierten Zustand erhalten.

Ein aus 150 Endlosfäden bestehendes Garn aus Poly-(2.6-diphenyl-p-phenylenoxid) mit einer Festigkeit von 35 g/tex wird durch Erhitzen auf 420 °C während weniger Minuten ohne Spannung relaxiert. Anschließend wird in einer inerten Gasatmosphäre die Temperatur mit einer Geschwindigkeit von 3 °C/pro Minute bis auf 1300 °C erhöht. Das so erhaltene Kohlenstoffgarn hat einen E-

Modul von 10000 kp/mm^2 und eine Reißfestigkeit von 120 kp/mm^2 [73].

Ferner gelang es aus Polyestern, Polyäthylen, p-Polyphenylen, Polyharnstoffen, Polyurethanen, Polypeptiden, Polysacchariden, Polysiloxanen, Pektinen, Dextrin, Hemicellulose, polymere Zuckerabkömmlinge, Cellulosederivate, Gelatine, Kasein, Fischleim u. a. Kohlenstoff-Fäden durch gezielt geführte Carbonisierungsreaktionen herzustellen [74].

2.2. Struktur von Kohlenstoff-Fäden und Oberflächenbehandlungen

Die Entwicklung von Kohlenstoff-Faserstoffen ist gekoppelt mit der Entdeckung neuer Strukturformen des Kohlenstoffs. Zur Beschreibung der Struktur von Kohlenstoff-Fäden und zum Verständnis der Natur ihrer mechanischen Eigenschaften werden hauptsächlich Röntgen- und elektronenmikroskopische Verfahren angewandt.

Röntgenographische Untersuchungen zeigen die Existenz von kleinen Bereichen mit „turbostratischer" (dreidimensionaler) Ordnung an, wie sie im allgemeinen im nichtgraphitischen Kohlenstoff gefunden werden. Unter „turbostratischer" Ordnung versteht man eine Parallellagerung von Lamellen mit willkürlicher Verdrehung der einzelnen Lamellen um die Normale zur Lamellenebene. Diese Bereiche weisen eine von der Vorbehandlung der Faser abhängige Vorzugsorientierung der Sechseckebenen des Kohlenstoffs parallel zur Faserachse auf. Die aus der Linienbreite ermittelte scheinbare Größe dieser Bereiche liegt zwischen 30 und 60 Å. Diese Bereiche können durch Verstrecken bei hohen Temperaturen (ca. 2800 °C) erhöht werden [75].

Elektronenmikroskopische Aufnahmen lassen eine Fibrillarstruktur erkennen. Die Fibrillen haben eine von der Vorbehandlung abhängige Wellung, die um so stärker erscheint, je geringer die Verzugsorientierung der „turbostratischen“ Bereiche ist. Aus hochauflösenden Phasenkontrastaufnahmen ist bekannt, daß die Fibrillen aus bandförmigen Kohlenstoffebenen von mehreren 1000 Å Länge aufgebaut sind. Die Leichtigkeit, mit der Kohlenstoff-Fasern stöchiometrische Einschlußverbindungen mit Kalium bilden, schließt eine Vernetzung dieser Bänder senkrecht zu den Kohlenstoffebenen aus [76].

Die Röntgenkleinwinkelstreuung zeigt die Existenz eines ausgedehnten Systems feiner, nadelförmiger Poren mit Querschichten in 10- bis 20-Å-Bereich und mehreren 100 Å Länge. Die Nadelachsen sind bevorzugt parallel zur Faserachse orientiert. Durch Verstrecken bei hohen Temperaturen kann die Zahl dieser Poren wesentlich verringert werden, der mittlere Porendurchmesser bleibt jedoch konstant.

Ein Vergleich der Ergebnisse verschiedener Untersuchungsmethoden ergibt, daß gewellte Bündel von parallel gepackten bandförmigen Kohlenstoffsechseckebenen wahrscheinliche Bauelemente der Fasern sind. Diese Parallellagerung der Bänder führt aber nicht zu einer dreidimensionalen Ordnung. Die nadelförmigen Mikroporen sind eine Folge der ungenügenden Raumerfüllung durch die verhältnismäßig steifen Bandstrukturen.

Bestimmte Beziehungen sind bei der Beschreibung des Zusammenhanges zwischen den Strukturen der Ausgangs- und Kohlenstoff-Fäden festgestellt worden. Bei Untersuchungen über die Veränderung des Beugungsbildes von Celluloseregenerat-Fäden wurde gezeigt, daß ein hoher Orientierungsgrad der Ausgangsfäden auch die Entstehung eines hochgeordneten Kohlenstoff-Fadens bedingt [4, 77]. Es gibt aber auch andere Meinungen hierzu. So wurde die Orientierung in Kohlenstoff-Fäden aus Viskosematerial in verschiedenen Stadien der thermischen Behandlung bestimmt, wobei gefunden wurde, daß ein höher orientierter Kohlenstoff-Faden auch aus einem weniger orientierten Ausgangsfaden erhalten werden kann. Gezeigt wurde ferner, daß die Orientierung des

Kohlenstoff-Fadens diejenige des Ausgangsfadens über treffen kann [75].

Erwähnt sei an dieser Stelle der Zusammenhang zwischen Festigkeit und E-Modul von Kohlenstoff-Fäden. Eine Erhöhung des E-Moduls der Fäden korreliert mit einer Zunahme des Orientierungsgrades der Kristallite in Richtung der Fadenachse und einer Zunahme der Länge der fibrillenähnlichen Gebilde. Der Elastizitätsmodul der Fasern steigt also mit der Vorzugsorientierung der Kohlenstoffsechseckebenen stark an und ist unabhängig von der Größe der „turbostratischen" Bereiche. Der Zusammenhang zwischen Vorzugsorientierung und E-Modul erklärt sich zwanglos mit Hilfe eines einfachen Modells der reversiblen Streckung von gewellten Bändern [78]. Mit demselben Modell erklärt sich auch das experimentell beobachtete Anwachsen des E-Moduls mit der Spannung.

Die Steifheit der Kohlenstoff-Fäden ist mit der Orientierung der Kristallite innerhalb dieser Gebilde verbunden, während die Festigkeit eine Funktion der Bindungen zwischen den Fibrillen ist. Einige Gesetzmäßigkeiten im Zusammenhang mit der Herausbildung der Struktur und der Eigenschaften der Kohlenstoff-Fäden wurden bei der Untersuchung der verschiedenen Stadien der Pyrolyse von Polyakrylnitril- und Celluloseregenerat-Fäden geklärt.

Aus den Abb. 10—12 ist der eigenartige Verlauf der Festigkeitsänderung während der Pyrolyse zu erkennen. Zunächst nimmt die Festigkeit ab, um nach Durchlaufen eines Minimums erneut wieder anzusteigen. Bei Viskosefäden ist das Festigkeitsminimum bei etwa 200 °C zu verzeichnen (Pyrolyse in HCl).

Während der Carbonisierung ändern sich die physikalischen Eigenschaften der Fäden wesentlich. Der elektrische Widerstand eines Polyakrylnitril-Fadens nimmt beim Erhitzen auf 1000 °C erheblich ab, mit weiterer Temperaturerhöhung jedoch nur noch unwesentlich (Abb. 13).

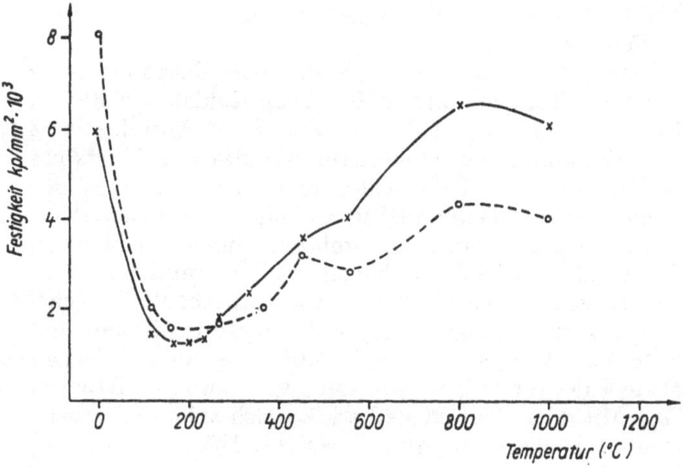

Abb. 10. Festigkeitsänderungen während der Pyrolyse

Die Temperaturabhängigkeit der elektrischen Leitfähigkeit der Fasern ist gering; unterhalb der Temperatur des flüssigen Stickstoffs ist sie praktisch konstant. Die Fasern sind Halbleiter von p-Typ oberhalb Temperaturen von ca. −173 °C und vom n-Typ bei tieferen Temperaturen. Die magnetische Widerstandsänderung ist selbst bei tiefen Temperaturen außerordentlich klein, im Unterschied zu den relativ großen Effekten bei graphitischem Kohlenstoff.

Die Kaliumeinschlußverbindungen der Fasern besitzen eine bis zu 30mal höhere Leitfähigkeit als das Ausgangsmaterial, die Temperaturabhängigkeit ist ebenfalls sehr gering [75].

Aus den Abb. 10—13 folgt, daß die wichtigsten Veränderungen der verschiedenen Faserstoffeigenschaften während des Erhitzens in einem bestimmten Temperaturbereich erfolgen. Die Kohlenstoff-Fasermaterialien verbinden auf Grund ihrer Faserstruktur die Kennwerte von Kohlenstoff (geringer Dampfdruck bis zu hohen

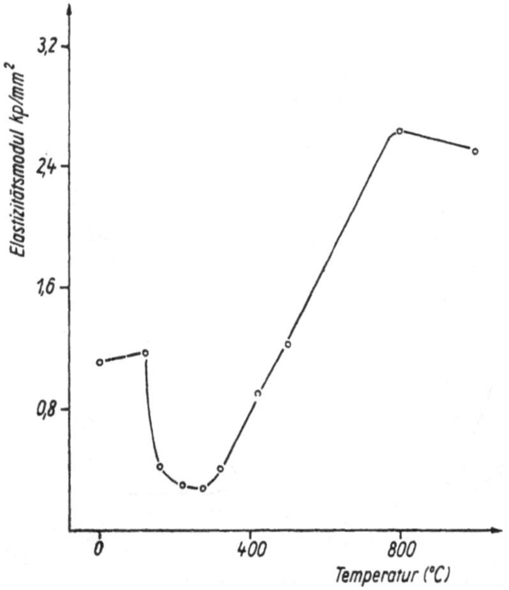

Abb. 11. Änderung des Elastizitätsmoduls während der Pyrolyse

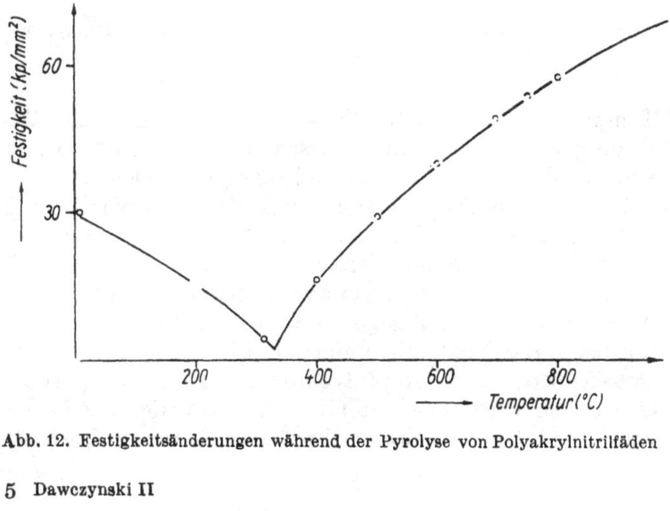

Abb. 12. Festigkeitsänderungen während der Pyrolyse von Polyakrylnitrilfäden

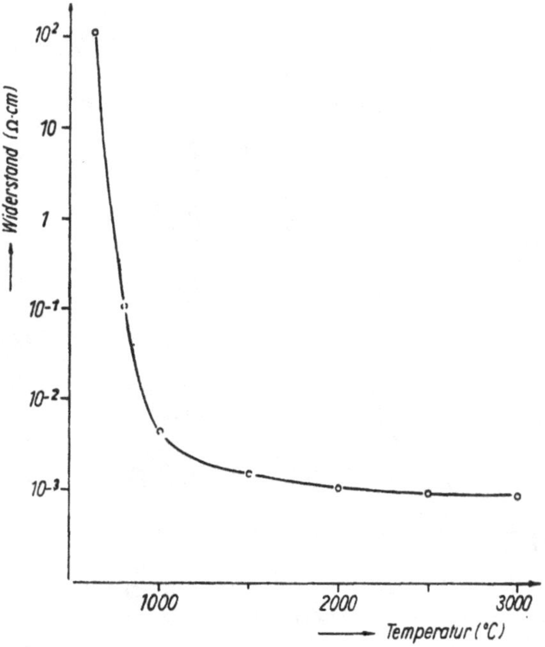

Abb. 13. Änderung des elektrischen Widerstandes während der Pyrolyse von Polyakrylnitrilfäden

Temperaturen, hoher Sublimationspunkt, chemische Beständigkeit) mit charakteristischen Textileigenschaften, wie Flexibilität, Elastizität und geringem Gewicht.

Eine sehr wichtige Problematik ist die Verbesserung der Eigenschaften, insbesondere der Oberflächeneigenschaften von Graphit-Fasern, besonders im Hinblick auf ihre Verwendung als Verstärkungsmaterial für Kunststoffe. Kohlenstoff-Fasern werden durch herkömmliche Lösungs- und Bindemittel nur schlecht benetzt. Über die Entwicklung einer Graphit-Faser aus PVY mit poröser Oberfläche wird berichtet [79]. Die neutrale Oberfläche von Graphit-Fasern kann durch oxydierende Behandlung chemisch aktiv (sauer) gemacht werden. Damit ergibt sich eine bessere Bindemittel-Faser-Wechselwirkung. Auch Chlorsilane oder Alkoxysilane werden als Haftvermittler empfohlen. Werden Graphit-Fasern in einem wäßrigen Medium oxydiert, z. B. mit siedender HNO_3, so enthalten die Fasern Hydroxylgruppen, mit welchen Silane reagieren können [10].

Eine Verbesserung der Eigenschaften von Kohlenstoff-Fäden hinsichtlich der Festigkeit und der Temperaturbeständigkeit ist dadurch möglich, daß man sie mit einem Überzug versieht. Ein Überzug aus gerichtet abgeschiedenem, pyrolytischem Graphit verbessert die Abriebfestigkeit und verringert die Oxydationsfähigkeit. Am meisten vermindert ein Überzug aus Siliciumcarbid die Oxydationsgeschwindigkeit und erhöht die Festigkeit. Ein solcher Überzug wird in ähnlicher Weise erzeugt wie der Überzug bei der SiC-Faserherstellung (s. Pkt. 4.).

Mit Siliciumcarbid überzogene Graphit-Fasern sind von der Carborundum Co., USA, in den Handel gebracht worden und sollen 450 DM/kg kosten [80].

Die Festigkeit der Graphit-Fasern wird noch höher, wenn man Siliciumcarbideinkristalle auf die Fäden aufwachsen läßt. Graphitfasern wurden auch schon mit Wolfram (aus $WF_6 + H_2$ bei 600 °C) oder Nickel beschichtet [81].

Setzt man Graphit-Fäden mit $BCl_3 + H_2$ an, so erhält man Kohlenstoff-Borcarbid-Fäden. Auf der Kohlenstoff-Faser bildet sich zunächst eine dünne B_4C-Schicht, die bei weiterer Behandlung immer dicker wird. Die besten mechanischen Eigenschaften wurden bisher bei Fasern gefunden, die zu 50% aus B_4C bestanden, d. h. Fasern mit einer Kohlenstoffseele und einer Borcarbidhülle (Durchmesser 10—11 μm, Reißfestigkeit $14 \cdot 10^3$ kp/cm², Elastizitätsmodul von $3{,}5—4{,}9 \cdot 10^6$ kp/cm², Dichte 2,17 g/cm³). Kohlenstoff-Fäden mit einem Boranteil bis zu 1% sollen einen besonders hohen E-Modul aufweisen. Eine Graphit-Faser aus Viskose mit Borgehalt wurde für Thermopaare mit stabiler thermoelektrischer Charakteristik verwendet. Bei der pyrolitischen Beschichtung von Kohlenstoff- und Graphit-Fasern mit metallischen Carbiden des Tantals, Zirkoniums, Siliciums, Niobs, Titans, Hafniums und Bors werden die Oxydationsbeständigkeit, die Reißfestigkeit sowie die elektrische Leitfähigkeit der Kohlenstoff-Fäden erhöht. Durch Tränken von Graphit-Fasern mit Lösungen aus Metallalkoxiden und anschließendem Erwärmen mit Phenolmassen bilden sich Metallcarbide [10, 82].

2.3. Handelsnamen und Einsatz von Kohlenstoff-Fasern

Faserige Kohlenstoffmaterialien werden in unterschiedlichster Form (Gewebe, Bänder, Elementarfadenkabel, Stapelfaser u. a.) seit einigen Jahren in der Sowjetunion, den USA, Großbritannien und Frankreich, neuerdings auch in Japan und der BRD technisch hergestellt.

In Tab. 10 wird eine Charakteristik von industriellen Kohlenstoffgarnen gegeben.

Im Zusammenhang mit der höheren Steifigkeit und der geringen Scheuerbeständigkeit lassen sich die Kohlenstoff-Fäden nicht nach den üblichen Verfahren zu textilen Erzeugnissen verarbeiten. Daher wird bereits das Ausgangsmaterial in die gewünschte Form gebracht und dann zu dem entsprechenden Kohlenstoff-Fasermaterial verarbeitet. Das Zwirnen und Weben ist dann auf den herkömmlichen Maschinen möglich.

Die folgende Tab. 11 zeigt in der Übersicht die Hersteller der bisher bekannten Kohlenstoff- und Graphit-Fäden.

Unter dem Begriff „thermische Behandlung“ sind die technologischen Stufen

- Carbonisierung bis etwa 1500 °C
- Graphitierung $>$2000 °C

zu verstehen.

Tabelle 10

Charakteristik von industriellen Kohlenstoffgarnen (720 Elementarfäden)

Kennwert	Fäden VYB-70-1/2 (Carbon Products Div. USA)	VYB-70-1/0 (Carbon Products Div. USA)	CY-1604-2 (Basic Carbon Co. Großbrit.)	Garn 100 (Basic Carbon Co. Großbrit.)
Anzahl der Fachungen	2	1	2	2
Drehung des Einzelfadens Dr/Zoll	1,0	2,0	2,3	2,4
Drehung des Zwirns Dr/Zoll	2,1	–	6,2	3,0
Elementarzusammensetzung %				
C	77,1	76,5	96,4	–
H	1,7	1,9	0,3	–
N	0,2	0,3	0,4	–
P	3,0	2,7	0,2	
Asche	1,3	3,2	1,0	–
Na	–	0,6	0,3	–

Wie aus der Tab. 11 zu ersehen ist, wurden die Kohlenstoff- und Graphit-Fäden im wesentlichen von folgenden Firmen hergestellt:

USA:
- Union Carbide Co.
- Carbon Products Division
- Great Lakes Carbon Co.
- Carborundum Co.
- Minnesota Mining and Manufacturing Co.
- H. J. Thompson Fiberglass Co.,
- Hitco-Gardena, Hercules Co.,
- Bowling Green, Md. (R. A. E.-Lizenz)
- Whittaker-Morgan Co. (R. A. E.-Lizenz)

Großbritannien:
- Courtaulds Ltd. (R. A. E.-Lizenz)
- Morganite Res. and Development Ltd. (R. A. E.-Lizenz)
- Basic Carbon Co.
- Rolls-Royce (R. A. E.-Lizenz)

Tabelle 11

Hersteller von Kohlenstoff- und Graphitfäden

Hersteller	Handelsname	Ausgangsmaterial	thermische Behandlung	Produktions-menge [t/a]	Preise	Literatur
Courtaulds Ltd. (Großbritannien) Coventry, London	Grafil HMT	Stapelfaser	carbonisiert graphitiert			[38]
	Grafil HTT	PVY (Endlosfaser 10000 Einzelfasern)	carbonisiert	100 in Planung 500 (93)	350···2000 DM/kg (92)	[38]
	Grafil Typ A B C	PVY (Courtelle)				[83]
Royal Aircraft Establishment Farnborough (Großbritannien)	RAE I Hyfil RAE II	PVY (Courtelle)	graphitiert carbonisiert			[4, 40]
Morganite Res. Dev. Ltd. (Großbritannien London),	Modmor I (HM) Modmor II (HT)	PVY				[38, 84]
Tokai Electrode Ngf. Co. Ltd. (Japan), Nagoya	HMS-Thermalon-S	PVY				[42]
Union Carbide Co. (UCC/USA)	Thornel-25 -40 -50	Cellulose	graphitiert	3···5	320 $/kg Normal-Type	[4, 24, 84] [85, 86, 57]

Tabelle 11 (Fortsetzung)

Hersteller	Handelsname	Ausgangsmaterial	thermische Behandlung	Produktionsmenge [t/a]	Preise	Literatur
	-60					
	-100					
Union Carbide Co. (UCC/USA)	Thornel-50-S	Cellulose	graphitiert	3-5	440 $/kg hochelastische Type	
	-75-S				520 $/kg hochelastische Type	
Carbon Products Div. (USA)	VYB-70-1/2	Cellulose	carbonisiert			[4, 84, 85]
	VYB-70-1/0					
	VAB-105-1/5					
Basic Carbon Co. (Großbritannien)	CY-1604-2		carbonisiert			[3]
	Garn 100					[86]
	CY-2-2					
	CY-2-30					
	CY-20-30		graphitiert			
Nippon Carbon Co., Japan	Carbolon	Mod. PVY-F				[45]
H. J. Thompson Fiberglass Co. Hitco-Gardena/USA	Hitco-Carbon CCA-1	Cellulose	carbonisiert			[25]

Tabelle 11 (Fortsetzung)

Hersteller	Handelsname	Ausgangsmaterial	thermische Behandlung	Produktionsmenge [t/a]	Preise	Literatur
Minnesota Mining and Manufacturing Co., USA	Pluton-A Pluton-B	Polybutadien	teilweise carbonisiert	wird nicht mehr hergestellt!		[2] [63,25]
Kureha Chemical Industry Co. Ltd./Japan	Kureha-Pitch	geschmolzenes Pech von PVC-Pyrolysaten und aus Rohöl	carbonisiert graphitiert	haltbechn. Maßstab/100	gering 20000 bis 10000 Yen/kg	[87, 62]
Gunna University Kiryn, Japan		geschmolzenes Pech v. PVC-Pyrolysaten	carbonisiert graphitiert	kleintechn. Maßstab		[49]
Sowjetunion	Carbin	polymeres Acetylen				[65]
Nippon Kayaku Co. Ltd., Japan	Kayacarbon	Lignin	carbonisiert graphitiert	techn. Maßstab	sehr gering	[69]
Tokai Electrode Mfg. Co. Ltd., Japan		Dreikomponentenharz aus Phenol-, Furanmassen u. Novolacke	carbonisiert	kleintechn. Maßstab		[68]
Centre for Material Research, University of Vancouver, Kanada		Teer, Petroleumrückstände, Asphalt	carbonisiert graphitiert	kleintechn. Maßstab		[64]
Rolls-Royce, Großbritannien, Hucknall, London	Hyfil	PVY	carbonisiert graphitiert	halbtechn. Maßstab		[19, 25]

Tabelle 11 (Fortsetzung

Hersteller	Handelsname	Ausgangsmaterial	thermische Behandlung	Produktions-menge t/a	Preise	Literatur
Union Carbide Co., USA	Graphit-Whisker	Methan, Äthan, Propan, Acetylen, Benzol, Tetrachlorkohlenstoff (Pyrographit)		Labormaßstab		[87, 8]
Carborundum Co., USA	Graphit-Faser mit SiC überzogen	PVY/SiC		kleintechn. Maßstab		[88]
Great Lakes Carbon Co., USA	Fortafil-5-Y	PVY		kleintechn. Maßstab	350 Dollar/kg	[89]
Rhone-Poulenc (CTA) und Soc. Carbone, Lorraine, Frankreich	Rigilor	PVY				[25, 90]
Hercules Co., USA Bowling Green, Md. Bacchus, Utah	Grafil	PVY	carbonisiert graphitiert	Planung d. Produktion 1971/72		[91, 39, 59]
Whittaker-Morgan, USA	Grafil	PVY	carbonisiert graphitiert			[39, 59]
Toray Industries, Tokio	Torayca	PVY	carbonisiert graphitiert	120 t/a		[133]
Sigri Electrographit GmbH, Meitingen	Sigrafil	PVY	carbonisiert graphitiert	Versuchs-produktion		[132]

Frankreich:	Rhone-Poulenc (CTA) und Soc. Carbone Lorraine, Seine
Japan:	Kureha Chemical Industry Co. Ltd. Nippon Kayaku Co. Ltd. Tokai Elektrode Mfg. Co. Ltd. Gunna University Kiryn Nippon Carbon Co. Toray Industries, Tokio
BRD:	Sigri Elektrographit GmbH, Meitingen
Sowjetunion:	nicht bekannt

Als Ausgangsmaterial werden am häufigsten Regeneratcellulose-Fäden und Polyakrylnitril-Faserstoffe eingesetzt. Seit kurzem spielt auch Teer, Pech, Asphalt, Polybutadien u. a. eine gewisse Rolle. Daß nur wenige Firmen diese hochtemperaturbeständigen Faserstoffe herstellen, hat seine Ursache in den hohen Forschungs- und Herstellungskosten.

2.3.1. Preise und Produktionszahlen von Kohlenstoff-Fasern

Im Folgenden werden für einige spezielle Produkte die Preise angegeben:

Faser	Preis	Land	Literatur
Fortafil-5-Y	350 Dollar/kg	USA	[89]
Kureha-Pitch	20··· 30000 Yen/kg 40···100000 Yen/kg	Japan	[62]
Grafil	350···2000 DM/kg	Großbrit.	[92]
Hyfil (hochfest)	686···3920 DM/kg	Großbrit.	
Thornel (Stapelfaser)	746 DM/kg	USA	
Thornel (Faden)	2131 DM/kg	USA	
Thornel-25	4532 DM/kg	USA	

Faser	Preis	Land	Literatur
Grafil-A (Lange Stapelfaser)	30 Dollar/kg	USA	[131]
Grafil-HT (Lange Stapelfaser)	60 Dollar/kg	USA	[131]
Grafil-HM (Lange Stapelfaser)	60 Dollar/kg	USA	[131]
Grafil-A (Endlose Filamente)	100 Dollar/kg	USA	[131]
Grafil-HM (Endlose Filamente)	170 Dollar/kg	USA	[131]

Ferner sind folgende Preisangaben unterschiedlicher Kohle- bzw. Graphit-Faserprodukte bekannt:

– Muster der Carbone Products Div., USA
  Kohleband 100 m ≙ 550 g 652 DM
  Graphitband 100 m ≙ 450 g 751 DM

– Muster der Union Carbide Co., USA
  Graphitgarn (Thornel) 2720,– DM/kg

Die Kohlenstoff-Fasern sind also derzeit noch teuer. Sie kosten je nach Qualität des Produktes z. Z. 287 bis 1625 DM/kg. Die Preise beziehen sich auf die kleintechnisch hergestellten Produkte. Sie werden bei steigendem Bedarf beträchtlich fallen. So ist bemerkenswert, daß der von der Firma Courtaulds vor weniger als einem Jahr noch angegebene Preisbereich bei 670 bis 3825 DM/kg lag. Nach Schätzungen dürfte der Preis bis zum Jahre 1975 auf 95 DM/kg fallen [39].

Nach einer Überschlagsrechnung können Kohlenstoff-Fasern im Austausch gegen hochwertige Leichtmetalle schon jetzt preislich interessant sein: Titan kostet z. B. in Großbritannien 11 Pfund Sterling/kg, bei spangebender Fertigung muß man mit 50% Verlust, also dem doppelten Materialpreis für das Endprodukt, rechnen. Bei spanloser Fertigung des Teiles aus kohlenstoffaserverstärkten Kunststofformmassen mit kurzen Fasern braucht man dagegen nur 50% des Endgewichtes von dem teueren Verstärkungsmaterial. Der Kostenanteil des Kunstharzes ist bei einem solchen Vergleich vernachlässigbar niedrig, und die rationelle Serienfertigung durch spanloses Formen kann weitere wirtschaftliche Vorteile bringen.

Außer der preislichen Entwicklung der Kohlenstoff-Fäden für die nächsten Jahre sollen die gegenwärtigen und zukünftigen Produktionszahlen für einige Länder angegeben werden:

Großbritannien:				
Courtaulds Ltd.	1970	1971	in Planung	[39,93]
	25 t/a	100 t/a	500 t/a	
Japan:				
Kureha Chemical Industry Co. Ltd.			in Planung	
			100 t/a	[62]
Toray Industries, Tokio			120 t/a	[133]
USA:				
Hercules Co.	Produktion 1971		nicht bekannt	[59, 91]
Whittaker-Morgan Co.	in Planung			
Unions Carbide Co.				

1969 wurden in den USA 1,4 t und 1970 5 t Kohlenstoff-Fasern produziert [86].

BRD:	
Sigri-Elektrographit GmbH, Meitingen	
Produktion in Technikumsmengen 1970/71	[25]

Die Produktionskapazitäten in den einzelnen Ländern können jederzeit erweitert werden. Der Zeitplan für diese Ausweichung wird jedoch davon abhängen, in welcher Höhe der gegenwärtige und der zukünftige Bedarf liegen, und ebenso daran, wie man den Faserherstellungsprozeß weiter entwickeln kann.

Erheblich größere Produktionsanlagen und billigere Rohstoffe und eine einfachere Technologie sind z. Z. auch die Größen, die die Preisrelationen günstiger gestalten können. Die Weltjahresproduktion 1970 an Kohlenstoff-Fasern betrug 100 t [62].

Bereits im kommenden Jahrzehnt erwartet man in Großbritannien eine Jahresproduktion von einigen tausend Tonnen [25].

Die folgende Übersicht (Tab. 12) gibt die aus der Literatur bekannten Daten zur Charakterisierung der Kohlenstoff-Fäden wieder.

2.3.2. Einsatz und Verwendung von Kohlenstoff- und Graphit-Fäden

Die guten mechanischen Eigenschaften der Graphit-Fasern rechtfertigen schon jetzt den Einsatz für Spezialzwecke. Überall dort, wo man besonderen Wert auf hohe spezifische Festigkeit, Steifheit, Ermüdungsfestigkeit bei hoher dynamischer Beanspruchung, hohe thermische Beständigkeit, niedrige Reibungskoeffizienten u. a. mehr Wert legt, wird man in absehbarer Zeit kohlenstofffaserverstärkte Verbundwerkstoffe einsetzen. Der Einsatz wird besonders dort erwünscht sein, wo Werkstoffe von geringerem spezifischen Gewicht als Stahl gebraucht werden. So soll die Hyfil-Faser von Rolls-Royce als Verstärkungsmaterial für Kunststoffe gewichtsbezogene Festigkeiten bedingen, welche sogar die der besten Metalle übertreffen. Das Festigkeitsverhalten von kohlenstoff- bzw. graphitfaserverstärkten Kunststoffen (KFK) ist in noch stärkerem Maße von der Faserrichtung abhängig als das bisher bei glasfaserverstärkten Kunststoffen (GFK) bekannt ist. Quer zur Faserrichtung können die Festigkeiten von KFK sehr niedrig sein [98]. Nachfolgend wird die Literatur über KFK kurz zitiert:

Epoxydmassen	[38, 98—107]
Phenolmassen	[99, 107, 108]
Polyester	[99, 109]
Polyamide	[109, 110]

Tabelle 12

Charakteristische Parameter von literaturbekannten Kohlenstoff-Fasern

Fasertyp	Durchmesser [μm]	Dichte [g/cm^3]	Reißfestigkeit [kp/mm^2]	E-Modul [kp/mm^2]	spez. Leitfähigkeit [Ω^{-1}, cm^{-1}]	Dehnung [%]	C-Gelwert [%]	Literatur
Grafil	8,3···9,1							[38, 39]
Typ HMT (hoher E-Modul)			181	35100				
Typ HTT (hohe Festigkeit)			230	26500				
Hyfil								
Typ I		2,0	176	42200				[38]
Typ II		1,74	282	28200				
RAE I	7,8	2,0	175···210	385000···4200	800			[4, 94]
RAE II	8,1	1,74	280···315	24500	1200			
Thermalon-S			100···170	35000···63000				[42]
Thornel-25	7,3	1,42	126	17500				[4, 84, 95, 96]
-40	6,8	1,56	170	28000				
-50	6,6	1,63	200	35000				
-60	6,1	1,70	240	42000				
-100			~350	~70000				
-50 S			260	53000	1750			[85, 132, 24]
VYB-70-1/0	5,1				5,34 10^3	2,0···2,5	76,5	[4, 84, 85]
VYB-70/1/2	7,6	1,32···1,53	80···100	4000···5000	2,60 10^3	2,2···3,0	77,1	
VYB-105-1/5	10,2				1,43 10^3	2,5···4,0	86,5	[132]

Tabelle 12 (Fortsetzung)

Fasertyp	Durchmesser [µm]	Dichte [g/cm³]	Reißfestigkeit [kp/mm²]	E-Modul [kp/mm²]	spez. Leitfähigkeit [Ω^{-1}, cm^{-1}]	Dehnung [%]	C-Gelwert [%]	Literatur
Modmor I*)	10···11	1,94	173,4	42730				[84, 38]
Modmor II	8	1,74	284	26500				
CY-2-2**)					908		99,5	[4, 86]
CY-2-30	3,1				1,0		99,5	
GY-2-30	3,1				1,11		99,97	
Kureha-Pitch	8,0	1,6	100	7000	125	1,8	99,5	[60]
Kohlenstoff-Faser aus PVC-Pyrolysat-Pech	7···9		150	5000				[49]
Sigrafil			250	24000				[132]
Kohlenstoff-Faser aus Phenol-Furanmassen u. Novolacke				3500···7000				[68]
Kohlenstoff-Faser aus Teer,			280	49000				[64]
Petroleumrückständen, Asphalt u. Steinkohlenteer								

*) Hyfil- und Modmor-Fasern sind wahrscheinlich identisch. Sie werden beide nach dem RAE-Verfahren vor der Morganite Res. Dev. Ltd. (Großbritannien) hergestellt.

**) 1440 Einzelfäden

Tabelle 12 (Fortsetzung)

Fasertyp	Durchmesser [µm]	Dichte [g/cm³]	Reiß-festigkeit [kp/mm²]	E-Modul [kp/mm²]	spez. Leitfähigkeit [Ω^{-1},cm^{-1}]	Dehnung [%]	C-Gelwert [%]	Literatur
Kayacarbon								
CLY 12/3	12···14	1,6	60···120		125	1,0	90	[69]
CLY-80/20	12···14	1,6	60···120		125	1,1	90	
GLY-12/3	12···14	1,8	60···120		500	0,9	99,9	
GLY-80/20	12···14	1,8	60···120		500	1,0	99,9	
Graphit-Whisker	0,5···5	1,6···2,1	2200	70000···100000				[25, 8]
Graphit-Faser mit SiC überzogen								
Grafil A (Endlosfaser)		1,73	210	19600				[39, 96]
Grafil HT (hohe Festigkeit)		1,74	225	25200				
Grafil HM (hoher E-Modul)		1,90	203	37000				
Modmor Typ I (hoher E-Modul)		2,0	140···210	38500···45500				[39, 96]
Modmor Typ II (hohe Festigkeit)		1,75	245···315	24500···31500				
Graphitfaser aus Polymethylvinylketon			180	25000				[72]
Graphitfaser aus Phenanthren u. Chrysen			156	30600				[63]
Graphitfaser aus Poly-(2.6-diphenyl-p-phenylenoxid)			120	10000				[97]

Polyimide	[106, 109, 110]
Polybenzimidazole	[111]
Furanmassen	[107]
Polyphenylen	[112]
Polypropylen	[109]
Polymethylmethacrylat	[109]
Polyacetale	[109, 110]
Polyvinylchlorid	[109]
Polyäthylen	[109]
Polycarbonat u. a.	[109]

Kohlenfaserstoffverstärktes Polytetrafluoräthylen [109, 110] wird von der Marlo Co., USA, unter dem Handelsnamen „Grapholon" angeboten.

Durch Einlagerung endloser, gerichteter Kohlenstoff- bzw. Graphit-Fasern in Aluminium, Kupfer oder Nickel erhält man Verbundwerkstoffe, die bei einem Bruchteil des Gewichtes in einer Richtung die Festigkeit von Stahl erreichen. Graphitfaserverstärkte Metalle sind auch bekannt [113]. Interessant ist, daß durch die Anwendung von Graphit-Fasergeweben zur Verstärkung von Kunststoffen die Möglichkeit gegeben ist, durch Widerstandsheizung oder Einleiten von Wärme die Aushärtung besonders dicker Laminate erleichtert wird. Neben dem Oxydationsschutz wird auch eine bessere Benetzbarkeit der Kohlenstoff-Faser durch Metalle erreicht. Außerdem wird vermutet, durch derartige Zwischenschichten die Reaktivität der Kohlenstoff-Fasern mit dem Matrixmetall bei erhöhter Temperatur zu verhindern. Beide Effekte, nämlich mangelnde Benetzbarkeit und Reaktivität, haben bisher eine erfolgreiche Anwendung der Kohlenstoff-Fasern als Verstärkungsmaterial für Metalle verhindert. In Tab. 13 sind die mechanischen Festigkeitswerte einiger faserverstärkter Kunststoffe zusammengestellt. Vor allem sei auf den hohen E-Modul hingewiesen.

Trotz der hohen Steifigkeit und Festigkeit der Kohlenstoff-Fasern gab es Enttäuschungen bei ihrer Erprobung als Verstärkungsmaterial für hochfeste Kunststoffe. Die

Tabelle 13

Mechanische Festigkeitswerte von faserverstärkten Kunststoffen

Werkstoff	Anwendungstemperatur [°C]	Reißfestigkeit [kp/mm²]	E-Modul [kp/mm²]
60% Epoxid-Harz 40% hochfeste C-Faser	200	97	11500
50% Polyesterharz 50% Hochmodul-C-Faser	200	91	13600
C-Matrix verkohlt C-Faser	1500	61	15000
22% C-Matrix graphitiert 78% C-Faser	3000	28	2300
50% Epoxid-Harz 50% Glasfasern	200	90	2800

verstreckten Fasern binden nicht hinreichend mit den Kunstharzen ab, so daß die Scherfestigkeit im Verbundwerkstoff geringer ist als bei Verstärkung mit den besten Glasfasern. Ein interessanter und auch wirkungsvoller Versuch, diesen Nachteil zu überwinden, besteht darin, auf die Graphit-Fasern bis zu 30 µm lange Whiskers aus Siliciumcarbid aufzudämpfen, die der etwa 7 µm dicken Faser im mikroskopischen Bild das Aussehen von Stacheldraht und von etwa 1000fach kürzeren wollartigem Flaum geben. Ein wichtiger Schritt in der Anwendungsentwicklung ist die Ausstattung der Kohlenstoff-Fasern mit einer Präparation, die ihre Benetzbarkeit durch Kunstharzbindemittel so verbessert, daß die interlaminare Scherfestigkeit der Verbundstoffe auf das Dreifache, deren Reißfestigkeit auf das Doppelte der Werte mit unbehandelten Fasern erhöht wird. Die hohe Sprungelastizität der Einzelfasern, welche die Verarbeitung erschwert, wird zweckmäßig durch eine Epoxid-Phenolharz-Schlichte gedämpft.

Der außerordentlich hohe Preis der Kohlenstoff-Fasern schränkt ihre praktische Anwendung vorerst auf spezielle höchstbeanspruchte Erzeugnisse ein. Das Paradebeispiel einer Serienfertigung sind die mehrfach in der Literatur erwähnten Turbinenschaufeln für die Verkehrsflugzeuge der Rolls-Royce B 211 [25,10, 114, 115].

Seit 1967 laufen die praktischen Erprobungsversuche mit Hyfil-verstärkten Turbinenschaufeln in Verkehrsflugzeugen. Inzwischen haben sie Hunderttausende von Flugstunden hinter sich gebracht. 1971 wurden mehr als 200 Mantelstromtriebwerke RB 211 für die Lockhead 1101-s ausgeliefert, deren Niederdruckgebläseschaufeln aus Kohlenstoff-Faser-Prepregs mit Epoxidharz-Matrix gefertigt wurden. Die Turbinenschaufel ist leichter und steifer als die bisher gebrauchten Bauelemente aus Titan, beides erhöht die Betriebssicherheit des hauptsächlich durch die Zentrifugalkraft belasteten Turbinenkranzes. Auch andere Hersteller von Strahltriebwerken gehen zu Schaufeln aus diesem Material über (z. B. die Dowty Rotol Ltd., Gloucester, England).

Große Aktualität gewinnen carbonisierte Fasern als Material für die Außenwandteile von Raumfahrtkörpern, die beim Wiedereintritt in die Atmosphäre hohen Temperaturen ausgesetzt sind. Diese werden mit Hitzeschilden aus faserverstärkten unschmelzbaren Kunstharzen ausgestattet, deren Außenhaut sich in der Hitze unter Wärmeverbrauch zu einer lockeren verkokten Schicht zersetzt. Hierdurch werden die darunterliegenden Schichten vor übergroßer Wärmeeinwirkung geschützt. Carbonisierte Fasern sind geeignet für das unschmelzbar hitzestandfeste Verstärkungsfasergerüst des Hitzeschildes. Sogenannte Aluminiumwabensandwich mit einer KFK-Deckschicht und einem Aluminiumprofil, dessen Flanken innen durch eine KFK-Einlage versteift sind, werden u. a. als Bauteile für die Weltraumsatelliten und -stationen der UdSSR und der USA eingesetzt. Da es mehrere 10000 DM kostet, ein Kilogramm Gewicht in den Weltraum zu befördern, leuchtet das intensive Interesse der Raumfahrtstellen an superleichten Baustoffen unmittelbar ein. Die Flugzeug- und Raumfahrttechnik bildet offensichtlich ein natürliches Anwendungsgebiet für KFK. Alle wichtigen Flugzeug-, Triebwerk-, Raketen- und Raumschiff-Unternehmen experimentieren daher gegenwärtig mit den verschiedenen Verbundwerkstoffen aus Graphit-Fasern.

In planmäßiger Entwicklung ist die weitere Einführung der Kohlenstoff-Faser im Flugzeugbau für Flugzeugtragflächen mit einer gespannten Haut aus möglichst durchgehend in die Matrix eingebetteten Kohlenstoff-Fasern über einem Aluminiumgitterwerk. Es wird eine Gewichtseinsparung von 50% gegenüber den leichtesten Metallkonstruktionen angestrebt. Man hofft, daß die ersten leichten „schwarzen" Flugzeuge Ende der Siebziger Jahre in der Luft sein werden. Durch eine großtechnische Serienproduktion hofft man, die gegenwärtigen Kosten von graphitfaserverstärktem Epoxidharz für Flugzeugrümpfe, Düsentriebwerke oder Hubschrauberrotorblätter von gegenwärtig ca. 2000 DM/kg auf 90—100 DM/kg senken zu können. Daneben werden KFK in steigendem Maße für verschiedene andere Anwendungsbereiche überprüft oder schon verwendet, wie Behälter, insbesondere Druckbehälter [116], Zahnräder aus kohlenstoffaserverstärktem Polyamid [116], Hochspannungskabel, beim Schiffbau, Gaszentrifugen zur Herstellung von Brennstoff für Kernreaktoren [113, 114], chemischer Anlagenbau, Automobilindustrie [113], Sportartikel wie Skier oder Golfschläger [113], Stromerzeuger [113], Lager und Wellen [117], Thermopaare, Textilindustrie, wie feuerfeste Gewebe, Filter, elektrisch leitende Gewebe zum Heizen, Schutzkleidung u. a. [70, 118].

Kohlenstoff-Fasern werden auch zur Herstellung von Bandwebstühlen verwendet. Sie vereinen hohe Eigensteife und geringes Gewicht und vermögen als Verstärkung den Rahmen gegen hohe Schwingungen genügend starr zu machen, ohne daß sein Gewicht zu hoch wird.

Neuerdings werden jedoch ganz aus kohlenstoffaserverstärktem Kunststoff gefertigte Rahmen hergestellt [119].

Ferner werden Kohlenstoffaser-Filze bei der thermischen Isolierung [70], korrosionsbeständige Filter und Katalysatorträger [70], Heizleiter bei Widerstandsheizungen [70] u. a. eingesetzt.

Wegen der geringen Neutronenabsorption finden Kohlenstoff-Filze und -wolle auch in der Kerntechnik Anwendung, Kohlenstoff- und Graphitwolle, die aus Zellstoffwatte oder ähnlichen Rohmaterialien hergestellt wird, eignet sich vor allem als Packungsmaterial für Hochtemperaturisolierungen [8]. Wegen ihrer guten thermischen und chemischen Beständigkeit, ihrer guten Wärmeleitfähigkeit und nicht zuletzt wegen ihrer ausgezeichneten Gleiteigenschaften werden Kohlenstoff-Fäden und -Garne auch zu Stopfbuchspackungen für höchste Anforderungen verarbeitet [120].

Aluminium, Kupfer und Nickel, jeweils verstärkt mit Graphitfasern werden für elektrische Freileitungen (Fahrdrähte), hochbeanspruchte Magnetspulen, Bauteile für Gasturbinen u. a. diskutiert. KFK werden für Teile zur Herstellung von Tiefseetauchgeräten und antimagnetischen U-Booten verwendet [25].

Besonders interessant ist der Vorschlag, Kohlenstoff-Fasern in elektrischen Hochspannungskabeln zu verwenden. Im Gegensatz zu den meisten synthetischen Verstärkungsmaterialien sind Kohlenstoff-Fasern gute elektrische Leiter. Ein Verbundmaterial aus endloser Kohlenstoff-Faser in oxidfreiem Aluminium wäre besser als das Stahl- und Aluminiummaterial gleichen Querschnitts, das heute in Hochspannungsleitungen allgemein benutzt wird. Das geringere Gewicht des Kohlenstoff-Verbundmaterials würde auch die Möglichkeit größerer Leitungsspannweiten bieten. Dies führt zu einer entsprechenden Verringerung der Gesamtzahl der für eine vorgegebene Leitungslänge erforderlichen Tragmasten [121].

Die Anwendungsmöglichkeiten können übereinstimmend in drei Hauptgruppen unterteilt werden:

Elektrisches und thermisches Gebiet:

- Graphitgewebe als Raumheizung einschließlich Boden- und Wandheizungen
- Filze für thermische Isolationen bis zu höchsten Temperaturen
- Gewebe, Schnüre und Filze als Heizleiter, z. B. als biegsame Wassererhitzer in direktem Kontakt mit H_2O
- hohe Spannungswiderstände mit direkter H_2O-Kühlung
- Anoden und Kathoden in der Elektrochemie
- sehr dünne Fäden als „Einzel-Fadenkonstruktion" in den Elektronenröhren-Gittern u. a. mehr.

Mechanisches Gebiet:

- KF-Kunststofflaminate finden Anwendung in der Raumfahrt, Raketentechnik, Flugzeugindustrie, Karosseriebau, Behälterbau, Maschinenbau für Gasturbinen u. a. In Leitvermögen und spezifischer Festigkeit übertreffen die Kohlenstoff-Fasern viele herkömmliche Materialien.

In der Reaktortechnik finden sog. Kohlenstofflaminate Anwendung. Dabei wird ein verkoktes oder graphitiertes Fasermaterial nachträglich mit Pyrokohlenstoff beschichtet. Auch diese Kombinationen erreichen hohe Festigkeiten, die sich bei 2000 °C sogar noch verdoppeln.

Chemische und nukleare Anwendungsgebiete:

- Filztypen als Filtrationsmaterial für korrosive Flüssigkeiten oder reaktive Gase.
- Anoden und Kathoden für die elektrochemische Industrie, Gaswäscher und Säulendichtungen für Moderator- und Filtrationsanlagen und auf nuklearem Gebiet.

3.0. Whiskers (Einkristall-Faserstoffe)

Besonderes Interesse verdienen verschiedene winzige Faserkristalle, die sich durch außergewöhnliche Festigkeiten auszeichnen. Sie werden wegen ihres Aussehens als Whiskers (Faserbärte) bezeichnet.

Die Whisker im engeren Sinn sind Einkristalle, haben einen polygonalen Querschnitt und eine glatte, spiegelnde Oberfläche. Sie wachsen in Faserrichtung viel schneller — einige 10000fach rascher — als in Richtung ihres Durchmessers, der bei manchen nur 1/10 der Dicke eines menschlichen Haares beträgt; ihr Durchmesser liegt in der Größenordnung von Mikron.

Die Einkristalle besitzen ein nahezu ideales Atomgitter, das sich bei ihnen ausbildet, wenn ihr Wachstum ohne Störungen erfolgt. Hierauf beruht wahrscheinlich in erster Linie ihre große Festigkeit. Außerdem ist letztere auch einem Größeneffekt zuzuschreiben, der aus Abb. 14 zu ersehen ist. Beispielsweise steigt die Reißfestigkeit von Faserkristallen aus Aluminiumoxid (Al_2O_3) bei einer Abnahme des Kristallumfanges von 400 auf 10 μm um etwa das 20fache, nämlich von 70 auf 1400 kp/mm². Saphir-Kristalle können so fein gezüchtet werden, daß ihre Abmessungen nur mit dem Elektronenmikroskop bestimmt werden können. Bei einem Durchmesser von 50 Ångström wurde eine Reißfestigkeit von 7000 kp/mm² festgestellt.

Aus Abb. 14 läßt sich erkennen, daß die Festigkeit der Whisker um so größer ist, je dünner sie sind. Bei logarithmischer Auftragung wächst die Festigkeit linear mit dem Umfang bzw. dem Durchmesser der Faser. Ein ähnlicher Größeneffekt ist auch bei kontinuierlichen Fasern (polykristallinen Drähten, amorphen Fäden) zu bemerken, bei denen aber die hohen Festigkeitswerte der Whisker nicht erreicht werden.

In Abb. 15 wird die Reißfestigkeit von Whiskern und kontinuierlichen Fasern mit derjenigen von Werkstoffen verglichen, welche gegenwärtig herkömmlich angewendet werden [122]. Die größte Festigkeit von Whiskern aus keramischen Stoffen, insbesondere Aluminiumoxid (Al_2O_3) Siliciumcarbid (SiC), Berylliumoxid (BeO) und Graphit (C), wird mit Werten von 1400 bis über 7000 kp/mm² erreicht.

Whisker sind bis zu zwei Größenordnungen fester als

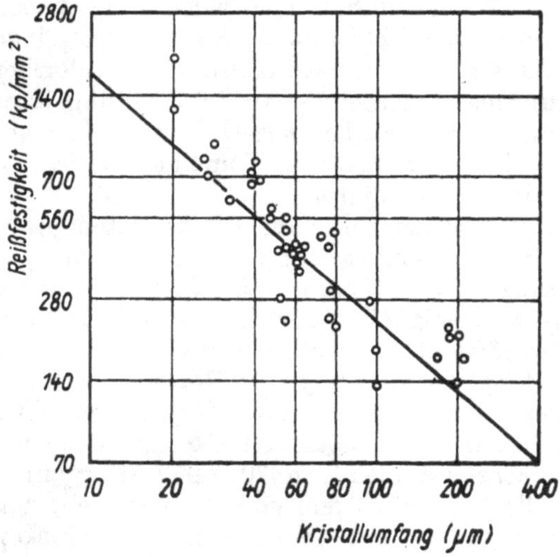

Abb. 14. Einfluß des Kristallumfangs von Aluminiumoxid-Whiskern auf die Reißfestigkeit [122]

die z. Z. verwendeten Werkstoffe. Glasfaser-Whisker weisen Festigkeitswerte von etwa 700 kp/mm² auf; es folgen in aufsteigender Linie Metalldrähte, deren Durchmesser so verkleinert werden kann, daß er in Ångström gemessen werden muß und schließlich keramische Fäden. Demgegenüber nehmen sich die Festigkeitswerte der herkömmlichen Werkstoffe recht bescheiden aus, selbst die der Metalle, welche noch am besten abschneiden. Ordnet man die Fäden nach der Reißlänge (Verhältnis von Festigkeit zur Dichte) einer für den Leichtbau wichtigen Größe, so ergibt sich eine andere Wertungsfolge mit Graphit an erster und Eisen an letzter Stelle.

Werkstoffe mit großer mechanischer Festigkeit haben vor anderen mit gleicher Dichte, aber geringerer Festigkeit, den Vorteil einer Gewichtsersparnis bei ihrer Verwendung in der Technik für sich. Dies ist besonders bei

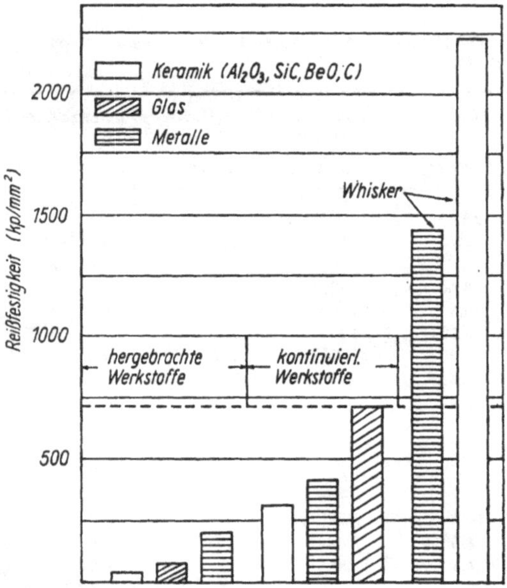

Abb. 15. Vergleich der Reißfestigkeiten von Whiskern und kontinuierlich hergestellten Fasern

der Konstruktion von Flug- und Raumkörpern, aber auch sonst für die moderne Technik, von großer Bedeutung.

In Tab. 14 sind die Elastizitätsmodulwerte E verschiedener Stoffe stellvertretend für ihre Festigkeit in Beziehung zu ihrer Dichte γ gesetzt. Die Zahlenwerte für das Verhältnis E/γ sind bei Bor, Borcarbid, Siliciumcarbid und Beryllium etwa sechs- bis siebenmal größer als bei Eisen, Titan oder Aluminium. Betrachtet man anstelle der Elastizitätsmodule die Zugfestigkeit der Stoffe, so ergibt sich, daß die aus Bor, Borcarbid, Siliciumcarbid oder Beryllium gefertigten Konstruktionsteile bei gleichem Gewicht eine mehrfach höhere Festigkeit besitzen als die aus Eisen, Titan oder Aluminium hergestellten Teile. Werden aus den bezeichneten Stoffen

Tabelle 14

Elastizitätsmodul und Dichte sowie das Verhältnis von beiden Größen für verschiedene Stoffe

Stoff	Dichte [g/cm³]	Elastizitäts-modul-E [kp/mm²]	E/Dichte 10^8 cm	Schmelzpunkt [°C]
Ta	16,6	19000	1,15	2980
Graphit (pyrol.)	2,2	2800	1,3	(rd. 5000) subl. > 3870)
Zr	6,49	9400	1,45	1860
W	19,3	36400	1,89	3380
ZrC	6,73	14000	2,1	3530 ± 125
V	6,0	15500	2,6	1860
Mg	1,74	4500	2,6	650
Ni	8,9	21000	2,36	1453
Co	8,9	21000	2,36	1492
Ti	4,5	11000	2,4	1670
Fe	7,87	21500	2,7	1537
Al	2,7	6900	2,55	660
Mo	10,2	29000	2,8	2600
SiO_2 (Glas)	2,63	7700	2,9	1610
Cr	7,1	25000	3,5	1850
BN (hex)	2,0	9100	4,5	rd. 3000 (subl.)
ZrO_2	5,6	25000	4,5	2715
WC	15,7	72700	4,6	2600 (zers.)
TiN	5,22	25600	4,9	2930
ZrB_2	6,0	35000	5,8	2990
$MoSi_2$	6,3	41500	6,6	2050
Si	2,34	16100	6,9	1412
TiC	4,93	42000	8,5	3140 ± 90
TiB_2	4,5	46000	10,2	2980
α-Al_2O_3	3,97	45000	11,3	2015
BeO	3,01	38000	12,6	2530 ± 30
B	2,34	35000	14,9	2300
SiC	3,22	42000	13,0	(2700) zers. > 2200
Be	1,80	30000	16,2	1284
B_4C	2,52	45000	17,8	2450
Graphit (Fasern)	1,6	35000	22	(rd. 5000) subl. > 3870
Diamant	3,5	80500	23	(rd. 5000) subl. > 3870
Graphit (Whisker)	1,6···2,1	100000	50···60	(rd. 5000) subl. > 3870

Konstruktionsteile gleicher Festigkeit hergestellt, so zeigt der Vergleich, daß bei der Verwendung von Bor, Borcarbid, Siliciumcarbid oder Beryllium erhebliche Gewichtseinsparungen erzielt werden. Noch deutlicher wird dies, wenn Konstruktionsteile aus Graphit mit solchen aus den Metallen Eisen, Titan und Aluminium verglichen werden: Das E/γ-Verhältnis ist nahezu 20mal größer bei Graphit als das der genannten Metalle.

Eine weitere wichtige Eigenschaft der Whisker ist ihre Widerstandsfähigkeit gegen hohe Temperaturen. Wie aus der Abb. 16 ersichtlich ist, nimmt zwar die Reißfestigkeit von Faserkristallen aus Aluminiumoxid mit bis zu 1800 °C ansteigender Temperatur linear ab, sie beträgt aber bei 1200 °C noch 300 kp/mm^2 und liegt damit noch über der Festigkeit der meisten herkömmlichen Werkstoffe bei normaler Raumtemperatur.

So gut die große Festigkeit von Bor, Borcarbid, Siliciumcarbid und Graphit im faserförmigen Zustand ist, so nachteilig ist aber, daß im kompakten Zustand ihr sprödes Verhalten die Nutzbarmachung in der Technik erheblich einschränkt. Ein Nachteil der Whisker und von polykristallinen Metallflächen mit whiskerähnlichen Eigenschaften liegt dararin, daß sie nicht als selbständiges Element technisch genutzt werden können. Sie brauchen ein zusätzliches, stützendes Element, das sie schützend umgibt. Diese Stützung der Fasern läßt sich durch ihre Einfügung in eine kontinuierliche Matrix erreichen, die genügend fest sein muß, um ihre Form zu erhalten, eine Abstandsänderung oder ein Beulen zu verhindern und die Spannungen von Faser zu Faser zu übertragen. Ein optimales Zusammenwirken von Fasern und Matrix ist dann gewährleistet, wenn die Fasern möglichst gleichmäßig in der Matrix verteilt und bei Beanspruchung erweitert und genügend fest mit der Matrix verbunden ist.

Whisker können auf mannigfaltige Weise entstehen:

An der Oberfläche von Metallschmelzen oder Gußblöcken, durch Kondensation in der Dampfphase, durch Phasenänderungen bei der Halogenid-Reduktion, durch

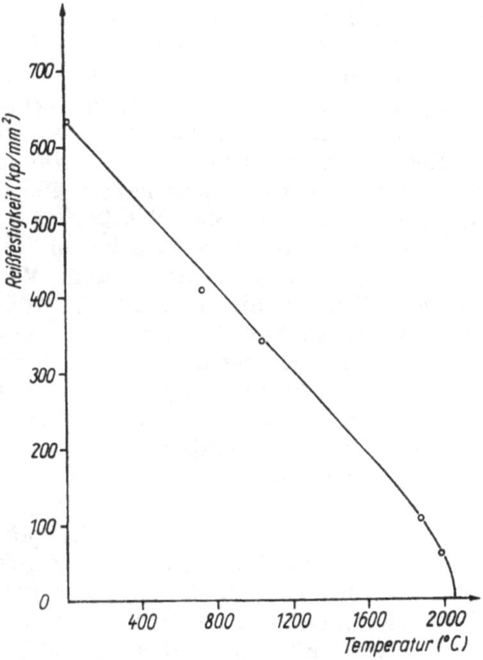

Abb. 16. Abhängigkeit der Reißfestigkeit von der Temperatur bei Aluminiumoxid-Whiskern [122]

gerichtete Erstarrung eutektischer, d. h. im Lösungsgleichgewicht befindlicher Legierungen und durch Ausscheiden einer bestimmten Lösung. Es gibt zahlreiche Verfahren zur Erzeugung von Whiskern, insbesondere kann ihre Herstellung mittels sogenannter Transportreaktionen in reduzierender oder oxidierender Atmosphäre erfolgen. Die große Mannigfaltigkeit an Möglichkeiten zur Gewinnung von Whiskern deutet darauf hin, daß wohl fast alle Stoffe: Metalle, nichtmetallische Elemente, Verbindungen wie Oxide, Carbide, Nitride, Sulfide, Halogenide und andere in Form von Whiskern dargestellt werden können. Die speziellen Bedingungen für das Whiskerwachstum sind wahrscheinlich nicht an bestimmte Stoffe gebunden, sondern der Whiskerwachstumsprozeß dürfte wohl als eine besondere Art der Kristallisation (aus der Dampfphase, aus Lösungen und Schmelzen oder durch Diffusion) aufzufassen sein.

Trotz der guten Eigenschaften der Whisker und ihrer vielfältigen Verwendungsmöglichkeiten hält sich ihre industrielle Erzeugung noch in mäßigen Grenzen. Allerdings werden Einkristall-Fasern auf der Basis von Eisen, Kupfer, Kobalt, Nickel, Silber, Messing, Siliciumcarbid, Aluminiumoxid, Graphit u. a. bereits in solchen Mengen angeboten, daß sie schon Handelsware darstellen. In Tab. 15 sind die Eigenschaftswerte handelsüblicher Whisker zusammengestellt. Einkristall-Fasern aus Titan-, Zirkonium-, Beryllium-, Magnesium- und Thoriumoxid ferner Siliciumnitrid und Borcarbid und anderen Whisker sind z. Z. noch Gegenstand wissenschaftlicher Erforschung.

3.1. Kohlenstoff-Whisker

Noch höhere Festigkeits- und Elastizitätsmodulwerte als bei den herkömmlichen Kohlenstoff- und Graphit-Fasern (s. dazu Abschn. 2.0.) können durch Kohlenstoff-Whisker erreicht werden. Dies sind einige Zentimeter lange, haarförmige Kristalle aus Kohlenstoff, deren Durchmesser (ca. 0,5—5 μm) wesentlich kleiner ist als der von Kohlenstoff-Fäden. Da generell die Festigkeit von Fäden mit der Verringerung der Durchmesser stark ansteigt, werden mit diesen Kohlenstoff-Whiskern die bisher höchsten Festigkeitswerte erreicht. Reißfestigkeiten bis zu 220000 kp/mm^2 und sehr hohe Elastizitätsmoduli von $7-10 \cdot 10^6$ kp/cm^2 sind möglich. Da zugleich die Graphit-Whisker eine sehr geringe Dichte haben (1,6 bis 2,1 g/cm^3), ist bei ihnen das Verhältnis von Elastizitäts-

Tabelle 15

Eigenschaften von Einkristallfaserstoffen (Whiskers)

Fasertyp	Hersteller	Durchmesser [µm]	Dichte [g/cm³]	Reißfestigkeit [kp/mm²]	E-Modul [kp/mm²]	Preis/kg	Literatur
Graphit-Whisker	Union Carbide Co., USA	0,5···5	1,6···2,1	2200	70000···100000		[8, 25]
SiC-Whisker	N. V. Philips, Niederlande	50···60	2,6···3,2	500···4200	50000···100000	55 Dollar	[9]
Al_2O_3-Whisker (Saphir)	General Electric, USA		3,3	1000	42000	60000 DM	[88]
	L. F. Missile and Space Division, USA			2800			[123]
	Thermokinetic Fibers, USA	20···300		2800	210000	4···20000 Dollar	[123]
Fe-Whisker		1,6	6,5	1340	20500		[126, 125]
Cu-Whisker		1,25	7,4	300	12600		
Ag-Whisker		3,8		176			
Graphit-Whisker			ca. 1,4	1960	68500		[8]
Nickel-Whisker			7,4	390	21800		[125, 126]
Borcarbid-Whisker			2,1	680	45000		
Graphit-Whisker			2,18	1960	70000		[115, 127]
SiC-Whisker			3,21	980	49000		[115, 127]

Tabelle 15 (Fortsetzung)

Fasertyp	Hersteller	Durchmesser [µm]	Dichte [g/cm³]	Reißfestigkeit [kp/mm²]	E-Modul [kp/mm²]	Preis/kg	Literatur
Aluminiumoxid			3,9	1400···2800	70000···240000		[128]
Aluminiumnitrid			3,3	1400···2400	35000		[128]
Berylliumoxid			1,8	1400···1800	70000		[128]
Borcarbid			2,5	700	45000		[128]
Graphit			2,25	2000	100000		[128]
Magnesiumoxid			3,6	2500	31000		[128]
Siliciumcarbid (α)			3,15	2000···2500	49000		[128]
Siliciumcarbid (β)			3,15	700···2000	70000···100000		[128]
Siliciumnitrid			3,2	350···1000	38000		[128]
Aluminiumoxid			3,96	2100	43500	30000 DM/kg	[129]
Berylliumoxid			2,85	1350	35000		[129]
Borcarbid			2,52	1400	42000		[129]
Siliciumcarbid			3,21	2100	42000	30000 DM/kg	[129]
Siliciumnitrid			3,18	1400	38500		[129]
Kohlenstoff			1,66	2000	120000		[129]

modul zur Dichte günstiger als bei allen anderen in Betracht kommenden temperaturbeständigen Faserwerkstoffen. Der spezifische, d. h. der auf gleiches Gewicht bezogene E-Modul ist mehr als achtmal so groß (22000 km) wie der von Metallfäden (2600 km). Graphit-Whisker wurden erstmalig um das Jahr 1955 von R. Bacon aus Graphitdampf mittels starker Stromentladung hergestellt [87]. Die gegenwärtig angewendeten Verfahren gehen von gasförmigen Kohlenstoffverbindungen aus. Unter ganz bestimmten Abscheidungsbedingungen läßt sich erreichen, daß der bei der Pyrolyse gebildete Pyrokohlenstoff in Form von Whiskern wächst. Pyrokohlenstoff erzeugt man aus gas- oder dampfförmigen Kohlenstoffverbindungen, die an heißen Graphitunterlagen (800—2700 °C) pyrolytisch zersetzt werden (elektrisches Lichtbogenverfahren). Geeignete Kohlenstoffverbindungen sind u. a. Methan, Äthan, Propan, Acetylen, Benzol und Tetrachlorkohlenstoff. Bei der Pyrolyse bilden sich an bestimmten Stellen im elektrischen Lichtbogen zwischen den Kohleelektroden sehr dünne Primärwhisker von ca. 0,01 μm Durchmesser, die dann allmählich durch sekundäre Pyrokohlenstoffabscheidung dicker werden. Die Schwierigkeiten bei der Whisker-Herstellung liegen vor allem darin, dieses Sekundärwachstum zu verhindern. Dies kann auf verschiedene Weise erreicht werden, z. B. durch Zugabe von Katalysatoren zum pyrolisierenden Gas. Als sehr günstig hat sich die Abscheidung der Whisker unter starkem Temperatur- und Konzentrationsgefälle erwiesen.

Alle diese Verfahren wurden aber bisher nur im Laboratorium durchgeführt. Zukünftig werden Whisker aber wegen ihrer hervorragenden Festigkeit und guten thermischen Beständigkeit zweifellos auch zur Herstellung von extrem beanspruchten Werkstücken, insbesondere von Flugzeugen, Weltraumraketen, -stationen usw. industriell hergestellt werden; eine gewisse Begrenzung wird aber dadurch gegeben sein, daß sie wesentlich kostspieliger als Kohlenstoff-Fäden bleiben werden.

3.2. Siliciumcarbid-Whisker

In den Philips-Forschungslaboratorien, Niederlande, wurden seit 1969 zwei Verfahren zur Vorbereitung einer großindustriellen Produktion von Siliciumcarbid-Whiskern entwickelt, die sich durch eine sehr gute Qualität auszeichnen. Nach den ersten Verfahren können Whisker mittels bestimmter Zusatzgeräte in einem für die Carborundumherstellung gebräuchlichen ACHESON-Ofen nach folgender Reaktionsweise produziert werden:

$$SiO_2 + 3C \rightarrow SiC + 2CO.$$

Die in dieser Weise gewonnenen Whisker besitzen eine Bandstruktur und zeichnen sich durch einen ungestörten Aufbau aus. Je nach den Verfahrensbedingungen können sie bis zu einer Dicke von 50—60 µm und einer Länge von mehreren Zentimetern hergestellt werden.

Das andere Verfahren basiert auf einem Vapour-Liquid-Solid-Prozeß; es liefert sehr dünne, lange Whisker mit rundem Querschnitt. Diese Produkte haben ein watteartiges Aussehen. Die nach den beiden angegebenen Verfahren erhaltenen Whisker besitzen bei einer Dichte von 3,2 g/cm^3 eine Reißfestigkeit von 50000—420000 kp/cm^2 und einen sehr guten E-Modul von $5-10 \cdot 10^6$ kp/cm^2.

Beide Verfahren befinden sich z. Z. noch im Stadium der technischen Erprobung. Die Siliciumcarbid-Whisker sind also gegenwärtig noch keine Handelsprodukte im engeren Sinn. Sie können aber in Probemengen zu Versuchszwecken schon bezogen werden. Daß es noch nicht zur industriellen Produktion gekommen ist, liegt nicht am Preis, sondern am Fehlen einer praxisnahen Verarbeitungstechnologie und daran, daß noch keine genügende Einsicht in verschiedene Parameter besteht, wie z. B.: Benetzbarkeit, Grenzflächenhaftung, Einfluß von Haftvermittlern usw. [9].

Schließlich mag noch erwähnt sein, daß auch von der

nordamerikanischen Firma Thermokinetik Fibers Einkristallfasern auf der Basis von Siliciumcarbid nach einem nicht bekannten Verfahren hergestellt werden, deren Preis aber sehr hoch ist (1760—1980 Dollar/kg) [123].

3.3 Saphir-Whisker

Der am besten bekannte Whisker-Züchtungsprozeß ist die Aluminiumoxid-Faserherstellung. Hierbei wird zum Gewinnen von Aluminiumoxid-Fasern das Aluminiumoxid reduziert oder Aluminium oxydiert. Bei der Reduktion von Aluminiumoxid verwendet man als Reduktionsmittel Kohlenstoff bei Temperaturen von 1500—1600 °C oder Wasserstoff bei 18000—2000 °C.

Aus Aluminiumoxid entstehen dabei die Suboxide AlO und Al_2O; diese sind gasförmig und disproportionieren im kälteren Teil der Reaktionsgefäße zu Tonerde und Aluminiumdampf nach dem folgenden Formelschema:

$$3\,AlO \rightarrow Al_2O_3 + Al \quad \text{und}$$

$$3\,Al_2O \rightarrow Al_2O_3 + 4\,Al\,.$$

Diese Suboxide und ihre Reaktionen spielen auch bei der Oxydation von Aluminiumspänen eine Rolle, die — meistens in Gegenwart von Aluminiumoxid — in feuchtem Wasserstoff bei etwa 1500 °C erfolgt.

In Abb. 17 ist der Logarithmus des AlO-Partialdruckes über Aluminium in Abhängigkeit vom Logarithmus des Partialdruckverhältnisses von Wasserdampf zu Wasserstoff für zwei verschiedene Temperaturen wiedergegeben.

Zum besseren Verständnis ist auf der Ordinate auch der bei diesen Temperaturen vorhandene Dampfdruck P^0Al des Aluminiums eingetragen. Bei den im schraffierten Bereich der Abb. 17 liegenden Partialdrucken werden die Al_2O_3-Whisker gezüchtet. Der durch Disproportionierung oder Oxydation gebildete Al_2O_3 wird dabei in Form dünner, bis zu einigen Zentimetern langer Fasern, die poly- oder monokristallin sein können, ausgeschieden.

Den Al_2O_3-Whiskern ist eine sehr hohe Reißfestigkeit eigen; es wurden Werte von über 100000 kp/cm² gemessen. Auch ihre Temperaturbeständigkeit ist gut. (Vgl. Abb. 16.) Bei Temperaturen zwischen 1900 °C und 2000 °C fand man noch Werte bis zu 13000 kp/cm².

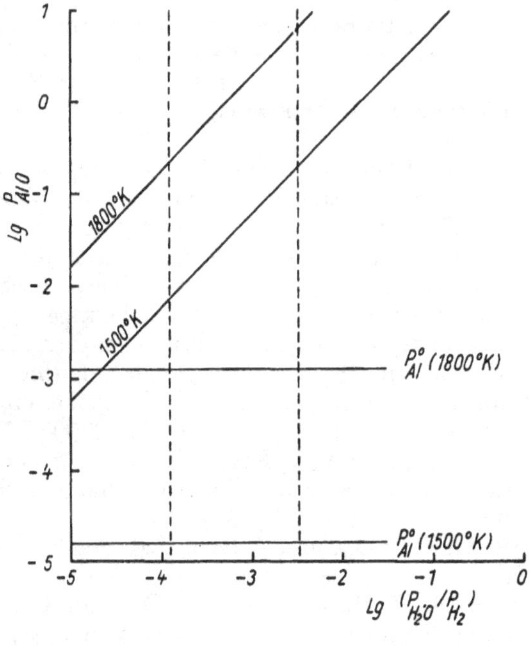

Abb. 17. AlO-Partialdruck über Aluminium in Abhängigkeit vom Verhältnis der Partialdrucke von Wasserdampf zu Wasserstoff [88]

Poly- und einkristalline Makroproben aus Al_2O_3 weisen große Härte auf. Bei mechanischer Beanspruchung kommt es bei ihnen — im Gegensatz zu Metall-Einkristallen — zu keiner plastischen Verformung, sondern nach einer elastischen Dehnung zu einem glatten Trennbruch. Dies hat zwei Ursachen:

Erstens wird für eine Vernetzung im Gitter des Al_2O_3 erheblich mehr Energie benötigt als zur Bildung von Vernetzungen im Metallgitter. Dies gilt allgemein für die Gitter der Oxide. Folgedessen werden bei der Züchtung eines Aluminiunoxid-Einkristalls sehr viel weniger Vernetzungslinien in das Kristallgitter eingebaut als bei Metallen.

Zweitens erfordert die Bewegung von Vernetzungen im Oxidgitter mehr Aktivierungsenergie als in den Metallgittern. Auf diese Faktoren ist auch die sehr gute thermische Beständigkeit der Oxidwhisker zurückzuführen [88].

Nicht alle durch Disproportionierung oder Oxydation gewonnenen Al_2O_3-Fasern sind Whisker im engeren Sinn, ein Teil sind polykristalline Fasern. Letztere erreichen nicht die gleichen Festigkeitswerte wie die einkristallinen Whisker. Der Preis für Al_2O_3-Whisker ist noch sehr hoch, obwohl es bereits der General Electric, USA, gelungen ist, die Herstellung wesentlich zu rationalisieren und damit den Preis auf etwa ein Hundertstel gegenüber den noch vor einigen Jahren gezahlten zu senken. Für reine, einkristalline Whisker wurden 1971 für das kg 60000 DM gefordert [88]. Solange die Al_2O_3-Fasern derart teuer sind, kann sich ihre allgemeine technische Anwendung noch nicht durchsetzen.

Der Preis für Al_2O_3-Fasern liegt bei 5000 bis 10000 DM/kg.

Von der Firma L. F. Missile and Space Division, USA, sind Saphir-Einkristallfasern auf der Basis von Aluminiumoxid entwickelt worden, die bei Zimmertemperatur eine Reißfestigkeit von 280000 kp/cm² aufweisen, bei 1093 °C noch 90000 kp/cm² und bei 1871 °C immerhin noch 10000 kp/cm². Ihre elastische Dehnbarkeit beträgt 2–5%; sie bleibt bei 1000 °C und nach höheren Temperaturen erhalten. Die Saphir-Einkristallfasern können auf Grund ihrer geringen Polarität gut mit Expoxidharzen gemischt werden, dies führt zur Gewinnung sehr fester armierter Plaste [123, 124].

Eine andere nordamerikanische Firma, die Thermokinetik Fiber, hat die Produktion von Saphir-Einkristallfasern aufgenommen, die einen Durchmesser von 0,2—30 μm und eine Länge von 1—5000 μm besitzen. Die Reißfestigkeit beträgt 280000 kp/cm², der E-Modul 21 · 10⁶ kp/cm². Sie kosteten 1971 je Kilo 4000 bis 20000 Dollar. Nach Inbetriebnahme einer geplanten Anlage mit einer Kapazität von 90 t/a wird es möglich sein, den Preis auf 45—65 Dollar/kg zu senken [123].

3.4. Metallische Whisker

Metallische Whisker lassen sich durch Wasserstoffreduktion der entsprechenden Halogenide bei bestimmten Temperaturen und Strömungsverhältnissen der reagierenden Gase gewinnen. Oxidische Whisker wie Al_2O_3, MgO, BeO u. a. können entweder durch Reduktion der Oxide oder Oxydation der Metalle über sogenannte Suboxide dargestellt werden. Eine weitere Möglichkeit zur Gewinnung metallischer Whisker besteht in der zu kontrollierenden Oxydation von Metallhalogeniden in einer Reaktionskammer mit einer geeigneten Gasphase, z. B. $AlCl_3$, CO_2, H_2.

Bei diesen Verfahren erhält man hochfeste, aber allerdings sehr uneinheitliche Whisker. Die Wachstumsgeschwindigkeit liegt in einer Größenordnung, bei der die Ausbeute verhältnismäßig niedrig ist.

Silber- und Kupfer-Einkristalle kann man durch Reduktion ihrer Halogenide in einer halben Stunde erhalten. Beim Rösten der entsprechenden Sulfide wachsen sie sogar innerhalb von Minuten. Auch Eisen-Whisker lassen sich innerhalb kurzer Zeit erzeugen, und zwar durch Reduktion der Eisenhalogenide oder auch von Eisenhydroxid. Beim Erzeugen von Whiskern durch

Reduktion von Metallhalogeniden geht man von pulverförmigen Substanzen aus, die in einem Schiffchen auf eine bestimmte Temperatur erhitzt werden. Wird ein durch ein Inertgas, z. B. Argon, verdünntes reduzierendes Gas, z. B. Wasserstoff, über die Substanz geleitet, so wachsen bei einer bestimmten Strömungsgeschwindigkeit sehr viele gerade, dünne Whisker am Rande des Schiffchens, während einige — meist gekrümmte — Whisker auf dem Substrat entstehen [125].

Eigenschaften der metallischen Whisker

S. S. Brenner [125] hat die Festigkeit von Eisen-, Kupfer- und Silber-Whiskern gemessen. Die von ihm gefundenen Höchstwerte sind in Tab. 16 den Werten der üblichen Eisen-, Kupfer- und Silberproben gegenübergestellt. An Kupfer- und Silber-Whiskern wurden eine etwa 10 bis 20fache und an Eisen-Whiskern eine etwa 60fache starke Reißfestigkeit festgestellt.

Tabelle 16

Festigkeitswerte von Metall-Whiskern

Whisker	Durchmesser [μm]	Reißfestigkeit [kp/mm²]	Massiver Werkstoff Reißfestigkeit [kp/mm²]
Fe	1,6	1340	16···23
Cu	1,25	300	13···35
Ag	3,8	176	8···14

Die Reißfestigkeit der Whisker ist von ihrem Durchmesser abhängig. Abb. 18a, b und c zeigen die Reißfestigkeiten von Kupfer-, Kobalt- und Eisen-Whiskern in Abhängigkeit von ihrem Durchmesser. Whisker mit 8—12 μm Durchmesser haben eine Reißfestigkeit, die nur etwa doppelt so hoch wie die der herkömmlichen Proben sind. Bei Durchmessern unter 4—5 μm ist eine erhebliche Zunahme der Reißfestigkeit zu beobachten. Die Meßwerte streuen allerdings erheblich. Bei Eisen-

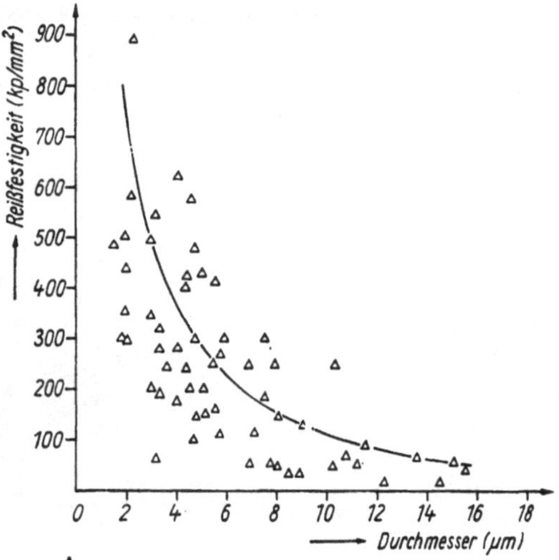

Reißfestigkeit (kp/mm²)
900
800
700
600
500
400
300
200
100
0
2
4
6
8
10
12
14
16
18
Durchmesser (μm)

18 a

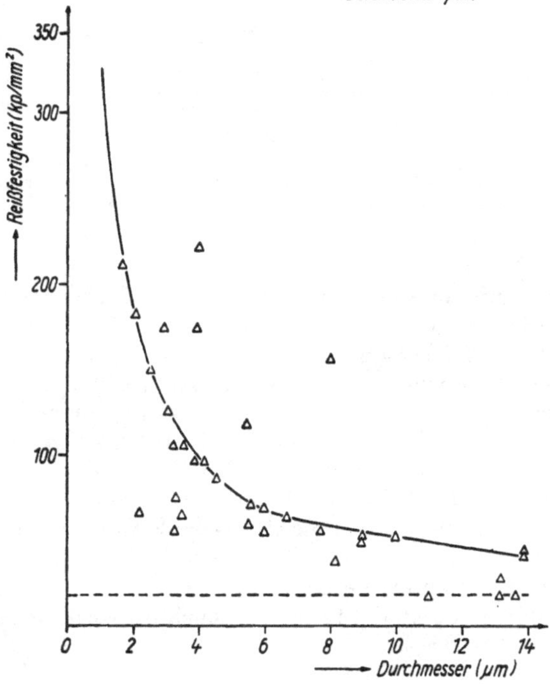

Reißfestigkeit (kp/mm²)
350
300
200
100
0
2
4
6
8
10
12
14
Durchmesser (μm)

18 b

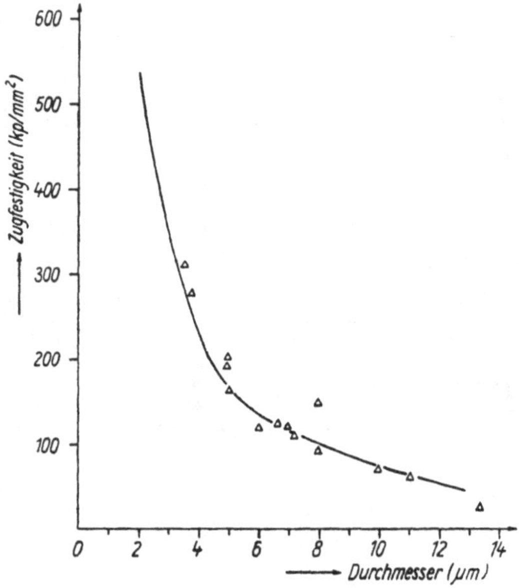

18c

Abb. 18a, b, c. **Zusammenhang zwischen der Reißfestigkeit und dem Durchmesser von Fe-, Cu- und Co-Whiskern [125, 126]**

Whiskern mit beispielsweise etwa 3 μm Durchmesser streuen die Reißfestigkeitswerte im weiten Bereich zwischen 60 und 550 kp/mm².

Vergleicht man die Kraft-Dehnungs-Kurven von Eisen-Whiskern mit entsprechenden Kurven eines Quarzglasfadens und einem dünnen Kupferdraht, so zeigt sich, daß Eisen-Whisker zum Teil bis zum Bruch nur eine elastische Dehnung erleiden und daß bei Raumtemperatur der Zerreißvorgang ohne vorherige elastische Verformung vor sich geht. Bei einigen Eisen-Whiskern findet man also einen Kraft-Dehnungs-Verlauf, wie er sonst nur bei Glas oder anderen spröden Stoffen beobachtet wird (Abb. 19a—d).

Die Oberflächen der Whisker sind nicht immer glatt. Sie können Rippen, Rillen und Streifenbildungen aufweisen, oder auch Löcher und Narben. Letzteres kann möglicherweise darauf beruhen, daß während des Wachsens durch Reduktion von Metall-Halogeniden erzeugten Whiskern auf Grund der chemischen Reaktion

$$2\,FeCl_3 + 3\,H_2 \rightarrow 2\,Fe + 6\,HCl$$

Chlorwasserstoffgas im Gleichgewicht vorhanden ist.

Da das Wachstum der Whisker nicht immer geradlinig vor sich geht, sind sie auch nicht immer nadelförmig ausgebildet. Manche Whisker sind schraubenförmig verdreht, andere zeigen Verdickungen und Verjüngungen oder seit-

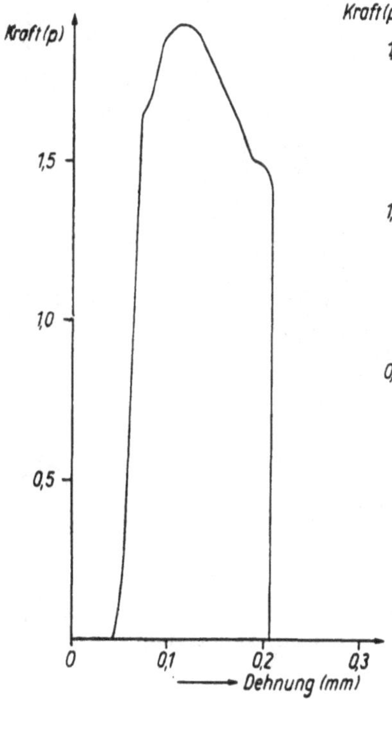

19a

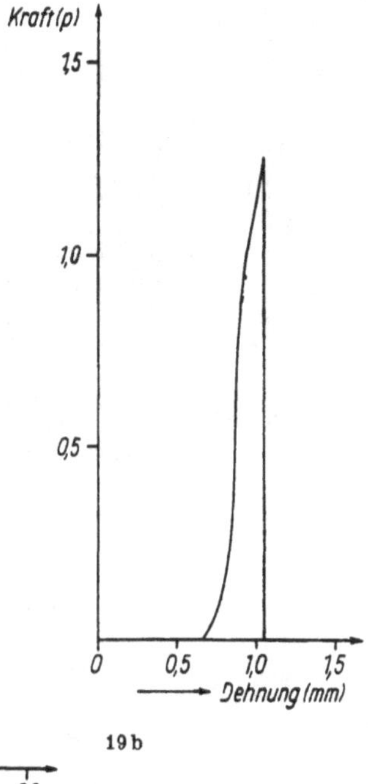

19b

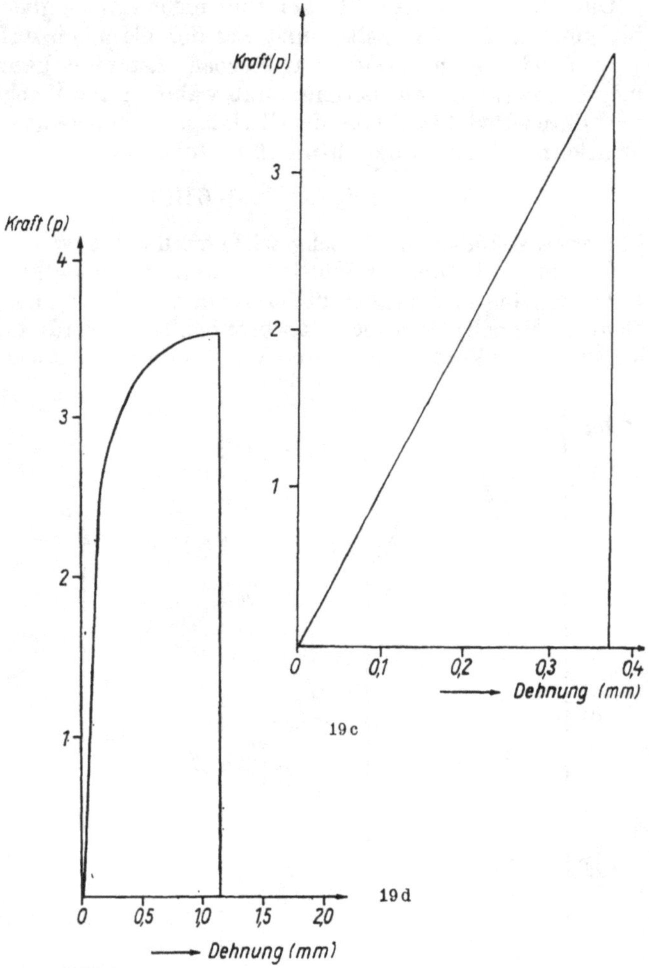

19 c

19 d

Abb. 19a–d. Kraft-Dehnungsdiagramme von Eisen-Whiskern (a, b), eines Quarzglasfadens und eines Kupferdrahtes [126] liche Verzweigungen. Häufig ist ein einfaches oder mehrfaches rechtwinkliges Abknicken oder ein Übereinanderwachsen von zwei Whiskern zu beobachten [126].

Stand der industriellen Erzeugung

Trotz der sehr guten Eigenschaften der Whisker und ihrer mannigfaltigen Verwendungsmöglichkeiten hält sich ihre industrielle Erzeugung noch in mäßigen Grenzen. Allerdings wurden Einkristallfasern auf der Basis von Eisen, Kupfer, Kobalt, Nickel, Silber, Messing, Siliciumcarbid, Aluminiumoxid, Graphit u. a. bereits in solchen Mengen angeboten, daß sie schon Handelsware darstellen. In Tab. 15 sind die Eigenschaftswerte handelsüblicher Whisker zusammengestellt. Einkristallfasern aus Titan-, Zirkonium-, Beryllium-, Magnesium- und Thoriumoxid, ferner auch Siliciumnitrid und Borcarbid und andere Whisker sind vorerst noch Gegenstand wissenschaftlicher Erforschung.

4.0. Silikatische Fasern

Im Bereich der keramischen Substanzen sind außerordentliche viele Verbindungen zur Herstellung temperaturbeständiger Fasern geeignet. Allen diesen Stoffen ist eine relativ große Dichte, gute Temperaturbeständigkeit und eine chemische Reaktionsträgheit gemeinsam; im allgemeinen sind sie Nichtleiter, verschiedene auch Halbleiter. Wegen ihrer guten Eigenschaften werden sie auf den verschiedensten Gebieten eingesetzt, vor allem aber in der Luft- und Raumfahrt.

4.1. Keramik-Faserstoffe

Zu den keramischen Faserstoffen, die bis zu 2800 °C temperaturbeständig sind, gehören vor allem die Aluminiumoxid-, Berylliumoxid-, Borcarbid-, Siliciumcarbid- und Siliciumnitrid-Faserstoffe (s. dazu Tab. 17).

Allgemein werden keramische Hochtemperaturfasern bzw. -seiden in der Weise erzeugt, daß man einem Viskosespinnbad gerüstbildende, anorganische, molekulardisperse Verbindungen (SiO_2) zusetzt und unter bestimmten Reaktionsbedingungen auf 1000 °C erhitzt. Übliche Methoden zur Gewinnung keramischer Fasern sind: Chemisches Abscheiden aus der Dampfphase, Schmelzziehverfahren, Faserspinnen und Extrusion.

Man kann keramische Fasern auch aus Lösungen herstellen, welche unlösliche keramische Partikel dispergiert enthalten. Man verspinnt eine solche Lösung zu organischen Fasern als Vorprodukte für die Pyrolyse, durch welche eine anorganische Faser entsteht. Allerdings erhält man mit einem solchen Prozeß keine sehr festen keramischen Monofils.

Tabelle 17

Keramik-Faserstoffe

Faserstoff	Durchmesser [μm]	Reißfestigkeit [kp/cm²]	Temperaturbest. [°C]
Al_2O_3	3–10	21	2040
BeO	10	13	2570
B_4C	–	14	2450
SiC	1…3	21	2690
Si_3N_4	–	14	1900

Ein Verfahren zur Herstellung von preiswerten, hochtemperaturbeständigen Aluminiumoxidfasern hat die Aluminium Co. of America (Alcoa) entiwckelt. Die Fasern mit der Bezeichnung Syphibers bestehen zu mehr als 99% aus polykristallinem α-Aluminiumoxid. Sie können bei Temperaturen bis zu 1815 °C eingesetzt werden. Syphibers werden aus einer Suspension ersponnen und anschließend gebrannt und gesintert. Ihr Durchmesser beträgt weniger als 20 μm. Sie können als hochfestes Isolationsmaterial und für die Verstärkung von Aluminium verwendet werden. Versuchsmengen werden etwa Mitte 1974 verfügbar sein [173].

Ein sehr vorteilhaftes Verfahren wurde von der Firma FMC Cooperation USA für die Produktion der von ihr angebotenen Avceram-Fasern entwickelt. Hierbei erfolgt eine molekulare disperse Einführung gitterbildender anorganischer Materialien in eine Viskosecharge. Die hierdurch erhaltenen Fasern werden an einer konventionellen, produktionsüblichen Maschine gesponnen, gewebt oder gespult. Die Fasern oder die Gewebe werden erhitzt. Durch Pyrolyse der Cellulosesilikat-Faser in Sauerstoffatmosphäre werden Quarzfasern gewonnen und in Wasserstoffatmosphäre Kohlenstoffsilikat-Fasern. Dieser Prozeß ist einfach und rentabel. Typische Vertreter dieser SiO_2-Fasern bzw. SiO_2-haltiger Fasern sind die Avceram S, eine reine SiO_2-Faser und die Avceram CS, ein Verbundwerkstoff aus einer Mischung von SiO_2 und Kohlenstoff. Nach dem Avceram-Verfahren lassen sich Faserstoffe herstellen, die Aluminium-, Zirkon-, und Thoriumoxide enthalten.

Im folgenden werden die wichtigsten Eigenschaften der Avceram-S (SiO_2-Fäden) und der Avceram-CS (SiC-Fäden) gegenübergestellt:

		SiO_2-Fäden	SiC-Fäden
Dichte	[g/cm³]	2,34	2,15
Porosität	[%]	71	61
scheinbare Dichte	[g/cm³]	0,68	0,83
Reißfestigkeit	[kp/mm²]	110	100–280
Dehnung	[%]	2,0	2,1
thermische Beständigkeit	[°C]	1700	2000

Die SiC-Fasern kann man — wie bereits erwähnt — einmal durch thermische Behandlung in einer oxydierenden Atmosphäre in SiO_2-Fäden überführen oder aber durch Umsetzung mit NaOH Kohlenstoff-Fäden aus ihnen erhalten.

Zu den keramischen Faserstoffen, die einen hohen Elastizitätsmodul ($E = 49000$ kp/cm²) besitzen, gehören die Fasern, die aus Siliciumcarbid gewonnen werden. Faseriges Siliciumcarbid kann man durch Abscheiden aus einer geeigneten Gasatmosphäre ($SiCl_4$ + Kohlenwasserstoff) oder durch Reduktion von SiO_2 mit C bzw. durch thermische Zersetzung von Silikaten in Graphittiegeln erhalten. Die Reaktion von SiO_2 und C erfolgt in einem Gemisch von Sand und Koks im Molverhältnis 1:3 bei einer Temperatur zwischen 1400 und 1650 °C.

Verkokt man Cellulose und bringt dann das SiO_2 mit dem C zur Reaktion, so spielen sich u. a. folgende Nebenreaktionen ab, und zwar vor allem dann, wenn H_2 als Inertgas verwendet wird und wenn der Ofenraum aus keramischem Material besteht:

a) $2SiO_2 + SiC \rightarrow 3SiO + CO/$ red. Atmosphäre

b) $SiO_2 + CO \rightarrow SiO + CO_2$ red. Atmosphäre

c) $2SiO \rightarrow SiO_2 + Si$ beim Abkühlen

d) $2SiO + O_2 \rightarrow 2SiO_2$ bei evtl. Luftzutritt

Es ist also möglich, daß bei diesem sehr fein verteilten Material das gebildete SiC nach $SiO_2 + 2C \rightarrow SiC + CO_2$ nach a) reagiert, da sich bildendes SiO gasförmig entweicht, ohne daß es zu weiteren Reaktionen kommt und ohne daß sich größere Mengen SiC bilden.

Faserstoffe aus kubischem Siliciumcarbid werden durch Bedampfung winziger widerstandsgeheizter Wolframdrähte aus geeigneter Gasatmosphäre hergestellt.

Homogene Aufdampfung wird immer mit Silicium aus Siliciumtetrachlorid bei Verwendung von Kohlenwasserstoff mit einer funktionellen Carboxylgruppe wie Aceton als Kohlenstoffquelle erhalten. Werden halogenierte Silane verwendet, so erzeugen solche mit dem höheren Halogengehalt die besseren Abscheidungen. Das Siliciumcarbid hat nahezu die theoretische Dichte und ist gegen Luftoxydation beständig. Die nach diesem Viskoseverfahren hergestellten keramischen Fasern sind porös. Eine Oberflächenmessung der Siliciumcarbon-

Fasern ergab 27 m^2/g. Bemerkenswert ist auch die elektrische Leitfähigkeit der Faser.

Ein großer Vorteil dieses Verfahrens besteht darin, daß bestehende Viskoseseide-Technologien und -Anlagen zur Herstellung dieser Fasern verwendet werden können [124, 134, 136, 143].

Die Morganite Ceramic Fibers SA, USA, und die Babcock und Wilson Co., USA, produzieren bereits großtechnisch die Keramik-Faser „Triton Kaowool" [144].

Ein neues keramisches Fasermaterial, das bis 1260 °C im Dauerbetrieb beständig ist, wird bei der Morganite Ceramic Fibers S. A., Herstol (Belgien), hergestellt. Die Faser mit dem Handelsnamen „Triton Kaowool" wird aus dem natürlich vorkommenden Tonerde-Silikat Kaolin gewonnen und enthält 45,1% Al_2O_3 und 51,9% SiO_2. Die 10—25 cm langen Fasern werden während des Fertigungsprozesses gründlich miteinander verkettet, so daß schließlich ein vollkommen anorganisches Material in Mattenform entsteht ohne Zusatz eines Bindemittels oder anderer Zuschläge. Das Fasermaterial bleibt bis zu den Grenzen seines Temperaturbereiches biegsam und vibrationsfest und kann ohne Bruch um 180 °C gedreht werden. Die Fasern sind leicht, haben eine niedrige Wärmeleitfähigkeit und sind vollkommen unbrennbar. Das Material besitzt ausgezeichnete Schalldämm-Eigenschaften, besonders im Bereich 300—3000 Hz [171].

Siliciumcarbid-Faserstoffe eignen sich als Verstärkungsmaterial bei zusammengesetzten Kunststoff-Strukturteilen, bei denen es auf eine besonders hohe Festigkeit ankommt [84].

Die Siliciumcarbid-Fäden zeichnen sich vor den meisten anderen Stoffen durch ihre chemische Reaktionsträgheit und sehr gute thermische Stabilität aus. Die Festigkeit sinkt in Luft bei 550 °C nur um 10%, bei 1280 °C auf die Hälfte der Ausgangsfestigkeit [84].

Kunststoffverbunde mit keramischer Faserverstärkung weisen gute physikalische Eigenschaften auf. Das Verhältnis ihrer Festigkeit zu ihrem Gewicht ist günstig;

sie sind auch bei hohen Temperaturen beständig. Bei Konstruktionen, in denen verzwirnte Fasern verwendet werden, ist im allgemeinen große Steifigkeit wichtig; bei vielen Verbundstrukturen spielt aber auch ein niedriges Gewicht eine entscheidende Rolle. Diese beiden Eigenschaften finden sich aber meistens nicht vereinigt vor. Deshalb muß man bei der Suche nach geeignetem Verstärkungsmaterial eine Kompromißlösung finden. In einem solchen Fall sind keramische Fasern dann am Platz, wenn auch bei hohen Temperaturen ein bestmögliches Festigkeits/Gewichtsverhältnis erhalten bleiben soll. Ein besonderer Vorteil dieser Fasern besteht auch darin, daß sie keinen höheren Ausdehnungskoeffizienten als die Harzmatrix haben; hierdurch werden die inneren Spannungen niedrig gehalten. Die kontinuierlich hergestellten Keramikfasern besitzen zwar nur 10—20% der bei Whiskers beobachteten Reißfestigkeit; für den Verbund reichen die Festigkeiten aber gleichwohl aus [128].

Quarzfaserstoffe mit einer „phantastischen" Beständigkeit gegenüber hohen Temperaturen wurden 1971 von der J. P. STEPHENS, USA, hergestellt. Diese neuen Faserstoffe, ursprünglich für die Raumfahrt bestimmt, eignen sich für Gewebe, Borten, Nähgarne und Verstärkung von Vorgarnen. Ferner werden sie eingesetzt für hochtemperaturbeständige elektrische Laminate und Isolierungen von Thermoelementendrähten [137]. Von der Chemical u. Insulating Co. Ltd., Großbritannien wird die Silicium-Faser „Refrasil" mit einem 99% SiO_2-Gehalt hergestellt. Sie ist bis zu 1650 °C beständig und wird für Gas- und Flugzeugturbinen und Raketenmotoren eingesetzt [138].

Kürzlich sind Papierentwicklungen aus Keramik-Faserstoffen bekannt geworden. Ein neues hochtemperaturbeständiges Papier wird aus Kaolin hergestellt.

Die chemische Analyse der Alumo-Silikat-Faser, aus der Keramik-Papiere hergestellt werden, ist in der Tab. 18 angegeben.

Der Kaolin wird im geschmolzenen Zustand mit Preßluft angeblasen, wodurch sich Fasern ergeben, die dann

Tabelle 18

Chemische Analyse der Alumino-Silikat-Fasern [%]

Al_2O_3	43 ···54
SiO_2	43,5 ···54
Fe_2O_3	0,6 ··· 1,8
MgO	–
CaO	0,1 ··· 1
Na_2O und K_2O	0,2 ··· 2,0
B_2O_3	0,08··· 1,2

mit etwas anorganischem Bindemittel zu Papier verarbeitet werden können. Das Bindemittel wird anschließend wieder ausgeglüht. Das Papier wird in Stärken von 0,5; 1 und 2 mm hergestellt, ist chemisch sehr beständig und hat eine geringe Wärmeleitung und hält im Dauerbetrieb Temperaturen bis 1260 °C aus.

Das Papier hat eine Dichte von ungefähr 210 kg/m³, die Wärmeleitfähigkeit liegt bei 200 °C bei 0,04 kcal/m·h und 0,23 kcal/m · h bei 1260 °C. Es ist elastisch und dehnungsfest und kann bequem zugeschnitten werden. Die Fasern wurden nur von Fluß- und Phosphorsäure sowie starken Laugen angegriffen. Die einzelnen Fasern werden bis zu 25 cm lang und haben einen durchschnittlichen Durchmesser von nur 2,8 μm [142].

Das Papier kann als Filterwerkstoff z. B. bei der Filterung von heißen Röstgarnen verwendet werden, ebenso als Fugendichtstoff oder zur Auskleidung von Industrieöfen, Behältern und Rinnen, die heiße Medien führen. Es läßt sich auch als Schutzhülle für Thermoelemente verwenden, wobei es so um die Drähte gewickelt wird, daß die Spitze des Thermoelementes freibleibt [139, 140].

Bekannt und vielseitig einsetzbar sind die Schlacken- und Gesteinsfasern. Sie werden im allgemeinen aus Hochofenschlacke gewonnen und mit Hilfe des Schleuder- oder Zerblasverfahrens zu fasrigen Gebilden geformt. Sie erscheinen im mikroskopischen Bild sehr ungleichmäßig in ihrer Feinheit und weisen vielfach Schmelzperlen und Verdickungen auf (Abb. 20 u. 21).

Der Gehalt der Schlackenfasern an Calciumoxid be-

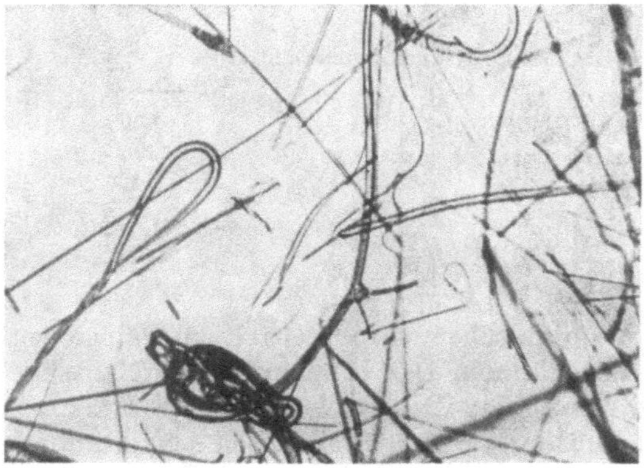

Abb. 20. Längsansicht von Schlackenfasern (130:1)

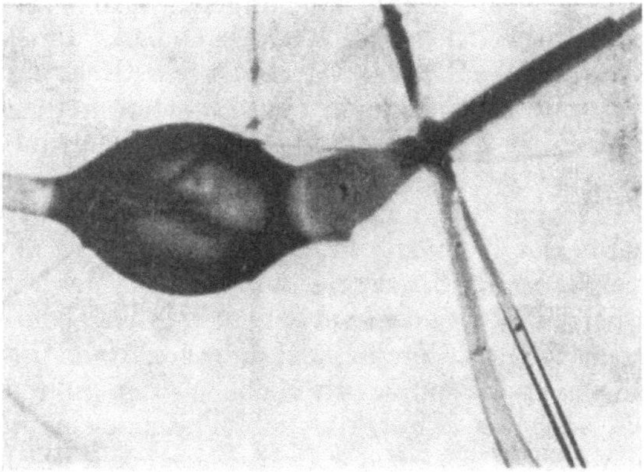

Abb. 21. Längsansicht von Basaltfasern (130:1)

trägt bis zu 40%. Aus diesem Grunde werden Schlackenfasern bereits von schwach konzentrierter Schwefelsäure unter Bildung von Calciumsulfatkristallen zersetzt. Die Kristalle bilden sich vorzugsweise in Form einer „Behaarung“ an den Fasern (Abb. 22).

Gesteinsfasern besitzen im allgemeinen keinen derartig hohen Calciumoxidgehalt. Bei Basaltwolle z. B. erfolgt die Zersetzung und Kristallbildung daher erst bei höheren Konzentrationen der Schwefelsäure. Die Kristallnadeln erscheinen größer und bilden keine derart dichte Behaarung wie bei Schlackenfasern (Abb. 23). Diese Aufnahme zeigt auch, daß die Umsetzung unter Scheinlumenbildung erfolgt.

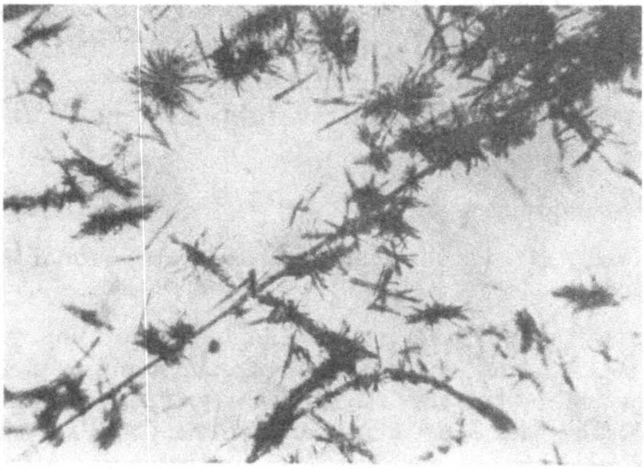

Abb. 22. Schlackenfasern in Schwefelsäure (2%ig) – Zersetzung und Bildung von Kristallen – („Behaarung"), (260:1)

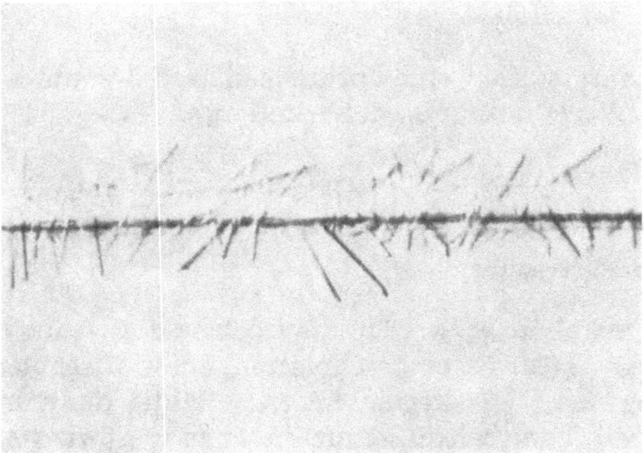

Abb. 23. Basaltfasern in Schwefelsäure (37%ig) – Zersetzung und Bildung von Kristallen – (260:1)

4.2. Glas-Faserstoffe

Von den anorganischen temperaturbeständigen Faserstoffen werden die Glas-Faserstoffe sehr vielseitig eingesetzt und großtechnisch produziert.

Die meisten Glas-Faserstoffe haben einen Erweichungspunkt zwischen 500 und 700 °C, wobei der E-Glas-Faserstoff (10 μm) bis 700 °C und der S-Glas-Faserstoff (10 μm) sogar bis 840 °C beständig ist.

Glasfasertextilien weisen drei charakteristische Merkmale auf:

1. Formbeständigkeit

2. Hohe Festigkeit: die Glas-Faser ist mehr als fünfmal so reißfest wie Baumwolle.

3. Flammfestigkeit: Glas-Fasergarne sind bei allen Temperaturen unbrennbar. Dank der hohen Herstellungstemperaturen wird ihre Struktur erst bei mehr als 540 °C angegriffen. Die feuerhemmende Wirkung der Glasgespinste ist auch bei der Wahl der Färbungen, Beschichtungen und sonstigen Ausrüstungen zu berücksichtigen.

Glas-Fasergewebe sind, da sie von Feuchtigkeit und ultravioletten Strahlen nicht angegriffen werden, vollkommen verrottungs- und bakterienfest.

Die Glas-Faserstoffe werden prinzipiell nach drei unterschiedlichen Verfahren hergestellt, und zwar dem

1. Düsen-Ziehverfahren
2. Düsen-Blasverfahren
3. Stab-Abziehverfahren

In einem Schmelzofen werden die trockenen Ausgangsprodukte bei 1650 °C eingeschmolzen, die Mischung homogenisiert und Glaskugeln hergestellt, die dann in einer weiteren Verarbeitungsstufe in einer perforierten elektrisch beheizten Platinwanne wieder aufgeschmolzen werden. Auch die direkte Weiterverarbeitung der Schmelze ist bekannt. Die austretenden Glastropfen werden mechanisch (*Düsenziehverfahren*) oder durch Luftstromeinwirkung auf ca. 3000 m/min gezogen, die dabei gebildeten Endlosfäden zu Fadenbündeln zusammengefaßt, mechanisch verstreckt (schnell rotierende Spindel) und auf Spulen aufgewickelt.

Beim *Düsenblasverfahren* werden zur Herstellung von Stapelfasern (10—50 cm Länge) die Glas-Fasern von Luftdüsen aus der Schmelze gezogen und zu Strängen auf einer rotierenden Sauglufttrommel zusammengefaßt.

Weiterhin ist noch das *Stababziehverfahren* bekannt [145]. Je nach Einsatzgebiet schließen sich Arbeitsvorgänge wie Verspinnen, Herstellung von Geweben, Gewirken und Vliesstoffen an. Inwieweit die Verfahren der Linzer Glasspinnerei Franz Haider AG (Schleuderziehverfahren) und der japanischen Firma Nittibo Boseki Co. [166] von den beschriebenen Verfahren abweichen, ist nicht bekannt.

Die Glasfaseroberfläche ist gegen Umwelteinflüsse äußerst empfindlich. Außerdem scheuern sich die Fäden bei der Strangbildung und der Weiterverarbeitung. Deswegen ist das Schlichten der einzelnen Filamente nach Austritt aus dem Platintrog äußerst wichtig für die Weiterverarbeitung. Der Fadendurchmesser ist abhängig von der Düsengröße, der Viskosität der Schmelze und der chemischen Zusammensetzung. Er beträgt weniger als 18 µm.

In der folgenden Tabelle werden Durchmesser und Ungleichmäßigkeit der Glas-Fasern nach den verschiedenen Herstellungsverfahren angegeben:

Tabelle 19

Durchmesser der Glas-Fasern [145]

Verfahren	Durchmesser	Ungleichmäßigkeit
Düsenziehverfahren	5··· 7 µm	10···15%
Düsenblasverfahren	5···10 µm	12···19%
Stababziehverfahren	7···11 µm	6··· 8%

Eine genaue Regelung der Temperatur und der chemischen Zusammensetzung ist entscheidend. In Battice, Belgien, steuert ein Computer den Produktionsprozeß (Druck, Temperatur, Sauerstoffgehalt und Glaspegel).

Im Gegensatz zu den anderen textilen Faserstoffen ist bei den Glas-Fasern die Höhe der Reißlänge bzw. der spezifischen Festigkeit von der jeweiligen Elementarfaden- bzw. Faser-Feinheit abhängig. Die Zugfestigkeit wird andererseits entscheidend von der Abkühlungsgeschwindigkeit nach dem Ziehen beeinflußt. Mit zunehmender Ziehgeschwindigkeit steigt die Festigkeit der Glasfäden. Die chemische Zusammensetzung für die nichtfesten Glas-Typen ist in der Tab. 20 angegeben.

Eigenschaften von Glas-Faserstoffen

Die vorteilhaften Eigenschaften der Glas-Fasern, die die Substitution von anderen Faserstoffen in bestimmten Anwendungsbereichen rechtfertigen, sollen im folgenden genannt werden [145, 167]:

- hohe Festigkeit
- Erhaltung der vollen Elastizität bei Zugspannung
- Dimensionsstabilität bei Belastung und Feuchtigkeit
- nicht brennbar
- hitzebeständig (bei 350 °C noch 75% der Festigkeit)
- chemisch beständig und wetterfest
- hoher elektrischer Widerstand

In Multifilamentglasfaserstrukturen werden auf Grund der unzulänglichen Kraftübertragung von Filament zu Filament nur ein Bruchteil der Festigkeitswerte der Einzelfilamente wirksam. Durch Schmälzen der Fasern mit hydrophoben und adhäsiven Stoffen werden die Festigkeitswerte der Einzelfilamente annähernd erreicht.

Nach dem Stabziehverfahren hergestellte Glas-Faserstoffe erscheinen im mikroskopischen Bild besonders gleichmäßig (Abb. 24 u. 25).

Tabelle 20

Chemische Zusammensetzung der wichtigsten Glas-Typen

Angaben [%]	SiO_2	Na_2O	K_2O	CaO	MgO	B_2O_3	Al_2O_3
A-Glas	68	12	4	6	3	2	5
C-Glas für Stab-Abziehverfahren	65	9	1	14	2	5	4
für Düsen-Blasverfahren	57···65	11···15	1···3	6···21	4···5	3···4	1···4
E-Glas für Düsen-Zieh-Verfahren	50···54	—	1	15···18	3···5	8	13···15
Refrasil (nach dem Ausglühen)	98,6	—	—	93	—	—	1,1
Quarzglas	100	—	—	—	—	—	—

Im folgenden wird die übliche Kurzbezeichnung zum Kennzeichnen der verwendeten Glasart nach ihrer Zusammensetzung und nach dem Verwendungszweck angegeben:

A-Glas: normales Glas für Apparatebau
C-Glas: Glas für chem. (Filtrations-)Zwecke
E-Glas-: alkaliarmes Glas für Elektroindustrie
S-Glas: Spezialglas für Separatoren [145]

Fehlerhafte Fremdkörpereinschlüsse (Abb. 26) und Kristallisationserscheinungen sind nur selten zu beobachten (Abb. 27).

Löserekationen in Flußsäure/Schwefelsäuregemischen verlaufen fast immer unter Kristallbildungen, woraus Hinweise auf die Zusammensetzung der Glas-Faserstoffe abgeleitet werden können.

Alkalireiche Glas-Faserstoffe lösen sich in einer Mischung aus einem Teil Schwefelsäure (37%ig) und einem Teil Flußsäure (10%ig) unter Spitzenbildung allmählich auf. Dabei bilden sich in der Umgebung der Elementarfäden bzw. -fasern tafelförmige Calciumsulfatkristalle und hexagonale Natriumhexafluorsilicatkristalle mit einer schwachen roten Färbung. Abb. 28a—c zeigt den Reaktionsverlauf, bei dem eine allmähliche Verringerung des Elementarfadendurchmessers unter gleichzeitig zunehmender Bildung der Kristalle zu erkennen ist.

Alkaliarme, aber calciumreiche Glas-Faserstoffe, sog. E-Glas, lösen sich in dem gleichen Reagens ebenfalls auf. Dabei entstehen aber nur stäbchen- bis tafelförmige Kristalle aus Calciumsulfat (Abb. 29).

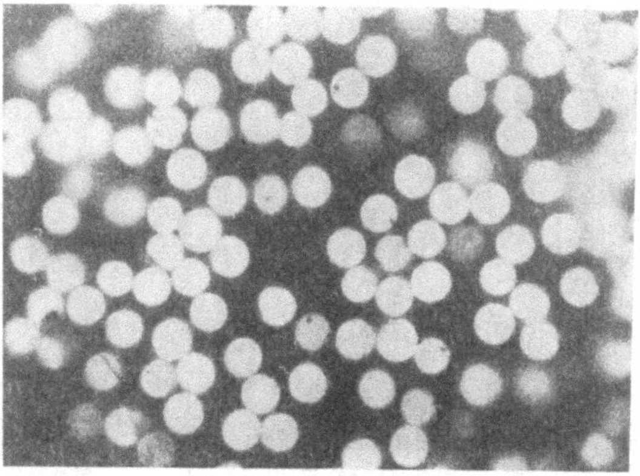

Abb. 24. Glasseide, Querschnitt (530:1), [166]

Abb. 25. Glasseide, Längsansicht (260:1), [166]

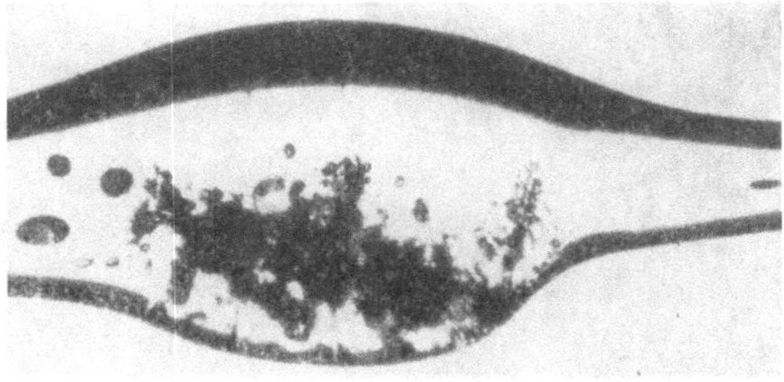

Abb. 26. Knotenförmige Verdickung einer Glasfaser mit Fremdkörpereinschluß (260:1), [166]

Nach Versuchen von G. WIEDEMANN und U. MÜLLER [168] entstehen an der Glasseide nach einstündiger Behandlung mit 5%iger Schwefelsäure bei 80 °C eine Art Scheinlumenbildung und ein äußerst regelmäßiges schraubenlinienförmiges Aufreißen der äußeren Faserschichten (Abb. 30). Diese Spalten gehen tief in das Faserinnere hinein, wie das elektronenmikroskopisch aufgenommene Schattenbild beweist (Abb. 31).

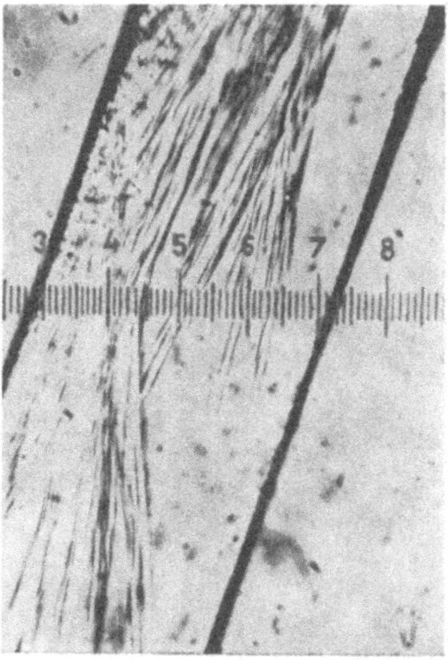

Abb. 27. Glasfaser mit durch Tempern entstandener Devitritkristallisation (750:1), [166, 167]

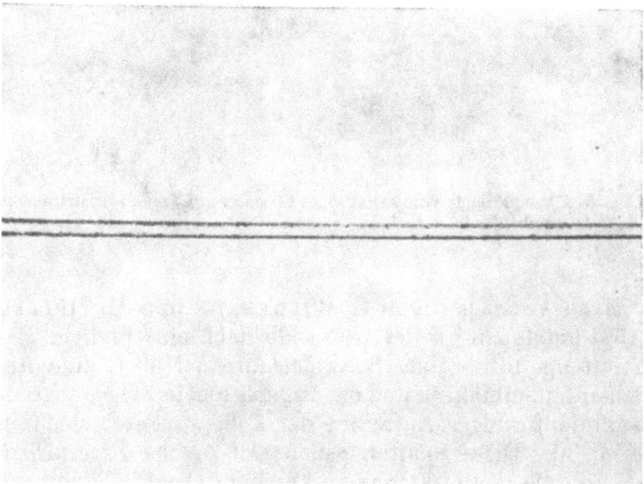

28a

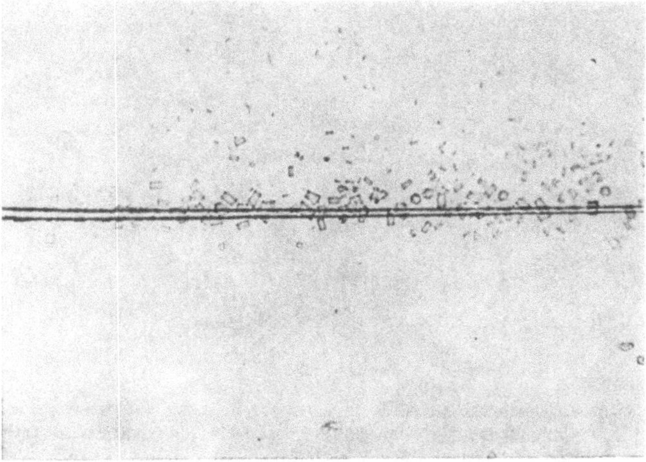

28 b

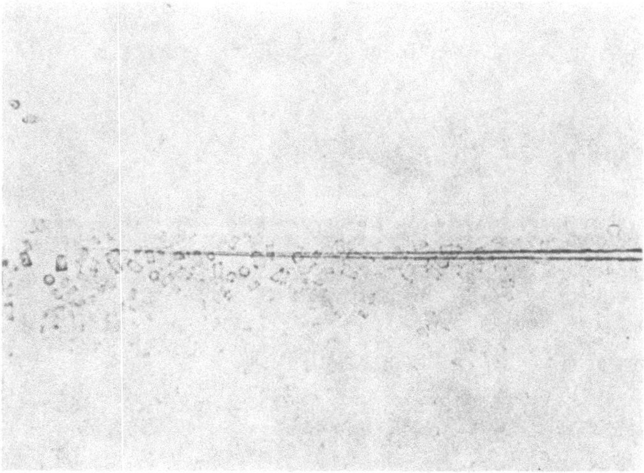

28 c

Abb. 28 a – c. Alkalireiche Glasfaser in einer 1:1-Mischung aus Schwefelsäure (37%ig) und Flußsäure (10%ig) (130:1) – Auflösung und Bildung von Kristallen – [166]

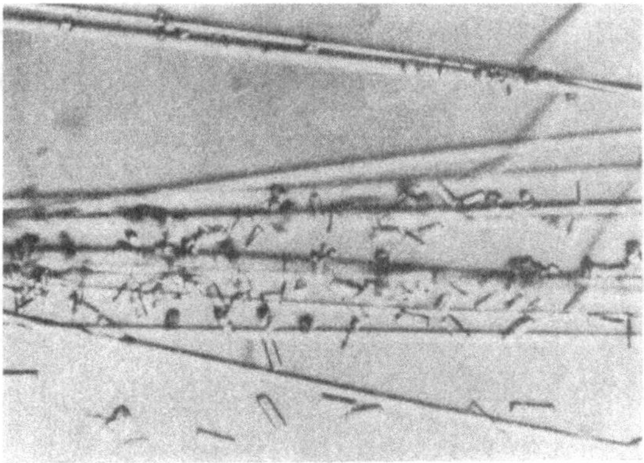

Abb. 29. Calciumreiche Glasseide in einer 1:1-Mischung aus Schwefelsäure (37%ig) und Flußsäure (10%ig) (530:1) – Auflösung und Bildung von Kristallen – [166]

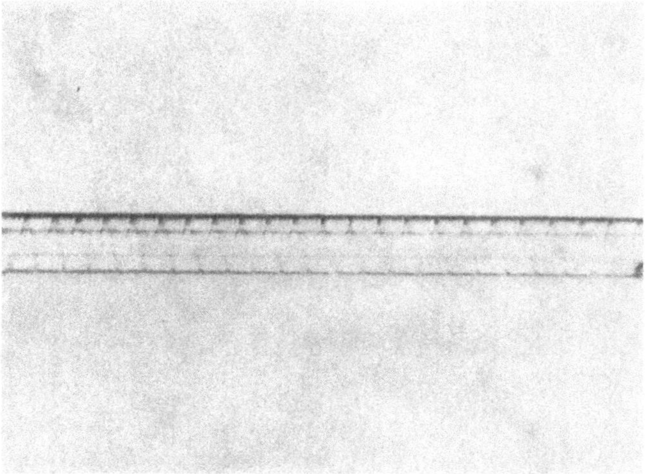

Abb. 30. E-Glasseide – 1 Stunde bei 80°C in Schwefelsäure (5%ig) behandelt. Entstehen eines Scheinlumens und schraubenlinienförmigen Aufreißens der äußeren Faserschichten (1050:1), [166, 168]

Abb. 31. E-Glas; 1 Stunde bei 80 °C in Schwefelsäure (5%ig); Elektronenmikroskopisches Schattenbild (10000:1), [166, 168]

Hieraus ergeben sich Parallelen zu organischen Chemiefaserstoffen, deren Quellung in einem geeigneten Reagens ebenfalls unter Scheinlumenbildung verläuft, wobei gegebenenfalls auch ein Aufreißen — allerdings unregelmäßig — erfolgen kann [169].

Einsatz von Glas-Faserstoffen

In den vergangenen dreißig Jahren haben sich Glas-Faserstoffe von einer dekorativen Kuriosität zu einem technischen Großprodukt entwickelt. Ihre thermische Dauerhaftigkeit, Dimensionsstabilität, Beständigkeit gegen Milieueinflüsse, hohe Festigkeit und geringe Kosten haben zu einer Vielfalt von Verwendungen, wie verstärkte Kunststoffe, Hochtemperatur-Filterstoffe, thermische Isolierung, Destillationskörper, Papierverstärkung u. a. geführt.

Neuere Entwicklungen bei der Oberflächenbehandlung von Faserstoffen, bei der Glaszusammensetzung, bei den Faserdurchmessern und den Produktformen haben zu einem immer noch zunehmenden Anstieg bei der Erzeugung neuer Produkte beigetragen [146].

Eine interessante Glas-Faser ist die sog. „Fiberfrax“ von der Carborundum Co., USA, die bis zu 1435 °C beständig ist. Sie wird aus einer Schmelze von gleichen Teilen Al_2O_3 und SiO_2 und etwa 1,5% Borax oder 3,5 bis 15% Zirkon hergestellt. Dieses Material kann mit Hilfe eines Dampf- oder Luftstromes zu weißen, baumwollähnlichen Faserstoffen verblasen werden [147].

Von der Pallflex Prod. Coop., USA, wurde die Fibermet-Faser entwickelt, die eine große praktische Bedeutung erlangen wird. Es ist eine Stahl-Faser mit Teflon imprägniert und mit Glas-Fasern kombiniert, die sowohl eine hohe mechanische als auch thermische Beständigkeit aufweist [148].

Die Owens-Corning Fiberglas Corp. stellt eine neue Glasfaser von erstaunlicher Feinheit dar, die unter dem Namen „Beta“ gehandelt wird. Ihr Durchmesser beträgt nur 3,8 µm und ihr Titer 1/4 den. Sie ist damit wesentlich feiner als alle übrigen Textilfasern. Dementsprechend sind auch die für eine Glasfaser ungewöhnlichen Eigenschaften überraschend. Der zulässige Biegeradius liegt entsprechend niedrig. Die Faser ist also sehr schmiegsam. Im Vergleich zu anderen textilen Fasern ist ihre relative Biegesteifigkeit sehr niedrig.

Garne setzen sich aus Hunderten von Einzelkapillaren zusammen. Zug-, Knoten- und Schlingenfestigkeit der Beta-Garne sind wesentlich höher als bei Garnen aus anderen Glasfasern. Schließlich ist auch die Gewebefestigkeit wesentlich höher, wenn man dieses Material verwendet.

Im Heimtextiliensektor, bevorzugt zur Herstellung von Vorhängen, Dekorationsstoffen, Bett- und Tagesdecken, Matratzenbezügen und Belägen, kommen Glas-Faserstoffe immer mehr in Anwendung. In den USA besitzt die Glasfasergardine bereits einen Marktanteil von 30% [166]. 250 Mill. m² Dekorationsstoffe wurden bereits 1970 in den USA aus Glasseide hergestellt.

In Japan ging 1972 eine 50-kt-Anlage in Produktion, die Glas-Fasern für Heimtextilien produziert. Tapeten aus Glasfasern mit überraschenden optischen Effekten hat eine westdeutsche Firma auf den Markt gebracht. Durch gewisse Eigenschaften wie die Steifheit und den rauhen Griff der Gewebe war der Einsatz von Glas-Fasern begrenzt. Mit der Entwicklung der superfeinen Beta-Faser ist der Anwendungsbereich der Glas-Fasern beträchtlich erweitert worden. Die aus Beta-Fasern hergestellten Erzeugnisse sind ein echter Konkurrent für Textilien, die aus konventionellen Faserstoffen produziert werden, geworden. Sie sind weich, zeichnen sich durch geringen Verschleiß und geringe Verschmelzbarkeit aus, sie sind waschbar, knitterfrei, lichtdämpfend und nicht brennbar. Die Mischung mit anderen Fasern ist möglich. Diese Mischgewebe besitzen eine große Festigkeit und geringe Dehnbarkeit. So stellt eine amerikanische Firma Markisen- und Zeltstoffgewebe her, das aus einer Kombination ultrafeiner Beta-Glasfäden und Verel-Methakryl-Fäden besteht. Die Glasseide erhöht die Geschmeidigkeit und Festigkeit sowie den weichen Griff des Gewebes, während „Verel“ zu den Dehnungs- und Adhäsionseigenschaften beiträgt. Eine westdeutsche Wäschefabrik produziert qualitativ hochwertige Herrenhemden aus einem Glasseide-Baumwoll-Mischgewebe. Durch die Glasfaserspezialausrüstung erhält die Ware eine hohe Durchsichtigkeit, Straffung, körpernahen Sitz und glänzenden Schimmer.

Die Erforschung neuer Einsatzgebiete und die Verbesserung der Qualität der Glas-Faserstoffe (z. B. die Suche nach neuen Färbe- und Ausrüstungsverfahren, ohne die Weichheit zu beeinträchtigen) werden mit großem finanziellen Aufwand fortgesetzt.

Den weitaus stärksten Anstieg weist der Einsatz von Glas-Fasern in der Reifenerzeugung auf. Für 1974 wird ein 82%iger Anteil von Glas-Faser-Gürtelreifen an den Bereifungen von Neuwagen vorausgesagt. Am aussichtsreichsten ist die Verwendung von Beta-Glas-Fasern in Mischung mit organischen Chemiefasern.

Glas-Fasern wurden bereits mit Akryl-Fasern, Wolle,

Baumwolle, Polypropylen-, Viskose-, Acetat-, Polyester- und Polyamid-Fasern gemischt.

Die Vorteile sind leichte Waschbarkeit, *Hitzebeständigkeit* und weicher Griff [149].

Glas-Faserstoffe spielen eine dominierende Rolle bei Verstärkung von Kunststoffen. Besonders in den USA haben die glasfaserverstärkten Kunststoffe (GFK) einen großen Aufschwung genommen. GFK werden hauptsächlich im Schiffbau, Transportwesen, Bauwesen, für Tanks, Behälter, Rohre, Elektrotechnik, Konsumgüter, Luft- und Raumfahrt und in der Haushaltgüterindustrie eingesetzt. Es wird eingeschätzt, daß der Verbrauch an GFK zumindest bis 1975 um jährlich etwa 17% steigen wird; das bedeutet, daß 1972 eine Produktion von etwa 500000 t vorhanden sein wird und 1975 von mindestens 1000000 t.

Schiffbau

Die Zuwachsrate für glasfaserverstärkte Kunststoffe im Schiffbau beträgt z. Z. 25%, GFK dominiert bei Innen- und Außenbord-Motorbooten und in den verschiedenen Segler-Kategorien, oder auch beim Bau von großen Yachten. Etwa 90% der Außenbord-Motorbootsrümpfe bestehen aus glasfaserverstärkten Kunststoffen. Eine bedeutsame Neuentwicklung sind die sog. Huckepackboote [134].

Verschiedene Modelle mit Schiffsrümpfen bis zu 25 m Länge werden in Südafrika aus GFK hergestellt und in den USA werden serienmäßig 36 m lange Garnelen-Fangboote produziert. Diese können 15% mehr Fische aufnehmen und haben einen 10% größeren Raum für eingefrorene Fangware als die herkömmlichen Garnelen-Fangboote.

Spezialschiffe für Marine, Rettungs- und Fischerboote von 60—70 m Länge werden z. Z. konstruiert. Auf dem militärischen Sektor ist ein zunehmender Verbrauch von GFK zu beobachten für Deckaufbauten und Schanzverkleidungen. Ein Minensuchboot aus GFK ist z. Z. in Erprobung. Ein interessantes Anwendungsgebiet auf diesem Sektor sind Unterseeboote, der bekannte Typ „Moray“, ein Zwei-Mann-Unterseeboot in Form eines Torpedos, besitzt einen Rumpf aus GFK, der gleichzeitig als selbsttragende Außendruckhülle dient. Die immmer größere Verbreitung von GFK im Schiffbau ist vor allem auf Kostenersparnisse zurückzuführen [151].

Auch auf dem Sektor der Militärtechnik, der Luft- und Raumfahrt werden nur größere Mengen GFK eingesetzt.

Luft- und Raumfahrt

Auf dem Gebiet der Luft- und Raumfahrt wurden 1970 in den USA 20000 t glasfaserverstärkte Kunststoffe verarbeitet. Das bedeutet gegenüber 1968 eine Steigerung um 35%.

Im Raketenbau werden Materialien mit hohem Elastizitätsmodul gefordert. Die Owens-Corning hat für diese Zwecke eine neue Glas-Faser entwickelt, deren E-Modul $1{,}2 \cdot 10^6$ kp/cm² beträgt. Das wird durch Einsatz kleiner Zusätze von BeO zur Glasmasse erreicht. Außerdem wurde eine Faser auf der Basis von Kaolin entwickelt, deren E-Modul bei einer Temperatur von 15 °C $1{,}34 \cdot 10^6$ kp/cm² beträgt. Ebenfalls Neuheitswert hat die Glasfaser „Fiberglas S 994“, deren Festigkeit um 40% größer ist als die aller bisher bekannten Glas-Fasern. Schon jetzt wird der neue Werkstoff nach dem Mischen mit Epoxidharz im Verhältnis 4:1 anstelle von Stahllegierungen für die Triebwerksverkleidung der Polarisrakete verwendet. Dadurch hat sich die Reichweite der Polarisrakete von 1000 auf 4000 km erhöht. Außerdem wird die neue Glasfaser in der Saturn-S-IV-Rakete sowie in der Mercurykapsel an Stellen verwendet, an denen Werkstoffe für tragende Bauelemente gleichzeitig zur Wärmeisolierung verwendet werden. Auch in den Apollo-Projekten sind GFK eingesetzt worden. Die Fiberglas S 994 setzt sich aus 65% Kieselsäure, 25% Al_2O_3 und 10% MgO zusammen

Tabelle 21

Erzeuger von Textilglasfasern

Land	Herstellerfirma	Verfahren*)	Fabrikatnamen
DDR	VEB Glasfaserwerk Haselbach, Haselbach (Thür. Wald)	S	
	VEB Glasfaserwerk Steinach, Steinach (Thür. Wald)	S	
	Glasfasererzeugnisse Dr.-Ing. Horst Rückert KG., Großschönau (Sa.)	S	
BRD	Gevetex Textilglas GmbH, Düsseldorf (Werk in Herzogenrath, Kr. Aachen)	DZ, DB	Gevetex, Vetrolon
	Glaswerk Schuller GmbH, Wertheim/Main	S	Microlith
	Klöckner-Schott Glasfaser GmbH, Dortmund-Mengede	DZ	—
	Gebr. Queck, Regensburg/Donau	S	—
UdSSR	Kombinat Gusj-Christalny, und andere		
Belgien	Glaverbel S. A., Brüssel 5	S	Fiberbel
	S. A. Isoverbel, Brüssel (Werk in Franière)	DZ, DB	Silionne, Verranne
	Owens-Corning Fiberglas Europe S. A., Battice	DZ	Fiberglas, Beta (feinstfas.)
Frankreich	Sociètè du Verre Textile, Chambèry (Savoie)	DZ, DB	Silionne, Verranne, Stratifil
Großbritannien	Fibreglass Ltd., St. Helens, Lancs. (Werke auch in Birkenhead, Cheshire und Glasgow)	DZ, DB	Fibreglass
	The Chemical & Insulating Comp. Ltd., Darlington		Refrasil
	Deeglas Fibres Ltd., Camberley, Surrey		Deeglas
	Regina Glass Fibre Ltd., Liversedge, Yorks	S	Versil, Textimat, Regina
	Turner Brothers Asbestos Ltd., Rochdale, Lancs.		Duraglas
Italien	Vetreria Italiana Balzaretti-Modigliani S. p. A., Besena/Brianza	DZ, DB	TB tex, Unifilo (matt), Vetrotessile
	Vetrocoke S. A., Venezia Porto Marghera	S	Vitrosa
	Vitrofil S. p. A., Ceriano Laghetto/Milano		Vitrofil

Niederlande	Ferro Enamels N. V., Rotterdam-West		Ferro
	Isoverbel N. V., Etten	DZ, DB	Silionne, Verranne
	N. V. Silenka (AKU-Pittsburgh), Hoogezand, Groningen	DZ	Silenka, Enkafort
Schweden	Billesholms Glasulls Aktiebolaget		Glasull
	Scandinavian Glasfiber AB., Falkenberg		Glasfiber
Schweiz	Fibres de Verre S. A., Lausanne (Werk in Lucens (Vaud))	DZ, DB	Vetrotex, Vetroflex
Spanien	Aislamientos Termo-Acusticoc S. A., Madrid 5	S	Microlith
CSSR	Vertex, Hradec Kràlové (Werk in Litomysl)	DZ, DB	Vertex
USA	Owens-Corning Fiberglas Corp., Toledo, Ohio (Werke in Huntingdon, Pa., Ashton, R. I., Aiken und Anderson S. C.)	DZ, DB	Fiberglas, Beta (feinstfas.)
	Dolomite Glass Fibers, Inc., Rochester, N.Y.		Dolomite
	Ferro Corp., Fiber Glass Division, Huntington Beach, Cal., und Nashvilli, Tenn.		Unistrand
	Goodrich B. F. Industrial Products Co., Akron 18, Ohio		Glastex
	Gustin-Bacon Manufacturing Co., Kansas City		Ultralite
	Johns-Manville Fiber Glass Co., Inc., Waterville, Ohio, Parkersburg, W.Va., und Laurens, S.C.	S	Garan, Vitron
	Modiglass Fibres, Inc., Bremen, Ohio		Modiglass
	Pittsburgh Plate Glass Comp., Fiber Glass Division, Shelby, N.C.	DZ	Pittsburgh PPG
	H. I. Thompson Fiber Glass Comp., Gardena, Cal.		Refrasil
	Owens-Corning Fiberglas Corp., Santa Clara, Cal.	S	
Kanada	Fiberglas Canada Ltd., Toronto, Ont. (Werk in Guelph)	DZ, DB	Fiberglas
	Peace River Glass Fibres Ltd., Fort Saskatchewan, Alberta	S	PRG

Hierüber Werke in Ägypten, Australien, Japan, Mexiko, Südamerika, Südafrika

*) DZ = Düsen-Ziehverfahren, DB = Düsen-Blasverfahren, S = Stab-Abziehverfahren

und hat einen Faserdurchmesser von 0,0097 mm. Die Zugfestigkeit dieses neuen Materials beträgt nach vorheriger Behandlung mit einer Glasfinishpräparation bei Zimmertemperatur 49000 kp/cm². Da die Dichte des Werkstoffes bei einem Mischungsverhältnis von 80% Glasfaser und 20% Expoxydharz nur 2,05 g/cm³ beträgt, ist das Festigkeits- und Gewichtsverhältnis besser als das jedes bekannten Metalls.

Die vermutlich erste Flugzeug-Verkehrsmaschine der Welt, bei der große Teile aus GFK gearbeitet worden sind, u. a. eine 24 m lange Tragflächenbeplankung, ist die Boeing 747. Der Anteil der den Harzen beigegebenen Glasfasern in Form von Kurzschnittfasern, Vliesen oder Matten beträgt 25—45 Gew.-%.

Jedesmal also, wenn ein neuer Flugkörper entwickelt wird, nimmt der GFK-Anteil beträchtlich zu. Besonders Teile, wie Radarhauben, Leitwerk- und Klappen-Komponenten, Sitzschalen, Innenverkleidungen und Rettungseinrichtungen sind Beispiele dafür, wie GFK die herkömmlichen Werkstoffe verdrängt haben [115].

Auch in der DDR mißt man den glasfaserverstärkten Kunststoffen eine große Bedeutung bei.

Die GFK-Produktion in der DDR wird von 5000 t 1970 auf 30000 t 1975 und 75000 t 1980 gewaltig ansteigen. Ein großer Teil des Materials soll als tragende Konstruktion in Maschinen-, Behälter-, Boots-, Schiffs- und Schienenfahrzeugbau, in der Elektroindustrie, im Bauwesen und in der Landwirtschaft eingesetzt werden [115, 151].

In Tab. 21 sind die wichtigsten Erzeuger nach Land, Herstellerfirma, Verfahren und Fabrikatnamen angegeben.

Im folgenden werden in einer Übersicht die wichtigsten Einsatzgebiete für textile Glasfasern aufgeführt:

Elektrotechnik

gefachte alkaliarme Glasseidengarne und Glasseidenbänder, mit Speziallack imprägniert, zum Umspinnen bzw. Umflechten von

Drähten (dünnere, leichtere und temperaturbeständigere Isolierung für Höchstbeanspruchungen im Generatoren-, Motoren-, Transformatoren- und Apparatebau) sowie für die Kabelindustrie.

Kunststoffindustrie

in großem Umfang zur Kunststoffverstärkung (Verbundwerkstoff) für großflächige Teile im Maschinen-, Schiff-, Fahrzeug- (Sportwagen) und Flugzeugbau sowie für Gegenstände des täglichen Bedarfes (Behälter aller Art, Rohre, Tanks, Schutzhelme). Hierzu werden neben Geweben aus Glasgarnen speziell Rovings, geschnittene Glasseide oder Glasseidenmatten, verwendet, zumeist in Verbindung mit Polyesterharzen (Vorzüge: niedriges spez. Gewicht, Widerstandsfähigkeit gegen Hitze und Chemikalien, geringe elektrische Leitfähigkeit, Beständigkeit der Abmessungen, bedeutende Zugfestigkeit, thermische Isolierfähigkeit, hervorragende Stoßbeständigkeit). Allgemein zur Armierung z. B. für Bauplatten; neuerdings auch als Festigkeitsträger für Papier und Verpackungsmaterialien.

Chemische Industrie

Filtertücher für heiße korrodierende Flüssigkeiten, Gase und Staub; Schutzanzüge.

Bauwesen

unentflammbar bzw. feuerhemmende und — für unterirdische Isolationen — verrottungsbeständige Gewebe aus Glasgarnen für Abdichtungen und Wärme-, Kälte-, Schallisolierung (im Hoch- und Tiefbau wie für Pipelines) sowie als Staub- und Rauchfilter, ferner zur Verstärkung von asphaltierten Dachbelägen (Glasvlies-Dachbahnen).

Dekorationen

Seit der Entwicklung des „Coronizing-Verfahrens“, das weiche, schmiegsam-griffige, knitterfreie Gewebe erhalten läßt, die gefärbt, bedruckt und gewaschen werden können, ist der Einsatz von Glasgeweben aus unbrennbaren Dekorationsstoffen wie für isolierende Wandbekleidungen erheblich gestiegen (in den USA bestand 1965 bereits 50% der Vorhangstoff-Produktion aus Glasfasermaterial!). Verwendung im Haushalt, Schiffs- und Flugzeugbau für Ausstattungen sowie in Theatern, Senderäumen u. ä.

Raketenbau

Zum Teil mit Kunststoffen als Verbundwerkstoff für Raketenspitzen, Hitzeschilde, Brennkammern und Brennstofftanks.

Glasfaseroptik

Seit kurzem werden flexible Bündel von Glasfasern, die mit einem Mantel aus niedrig brechendem Glas oder transparentem Kunststoff „optisch isoliert" sind, als Lichtleitfaden für gekrümmte Bahnen verwendet sowie als „Glasfaseroptik" z. B. für medizinische Diagnostik.

4.3. Asbest-Faserstoffe

Seit der Entwicklung der Phenol-Formaldehydharze im Jahre 1909 spielt Asbest zur Verstärkung von Kunststoffen eine wirtschaftlich bedeutende Rolle. Die längeren Fasern werden in Form von Fäden, Garnen oder anderen textilen Geweben verwendet, die Kurzfasern hingegen dienen als Füllstoffe, Streckmittel und zur Viskositätseinstellung.

Asbest ist der Sammelbegriff für eine Vielzahl natürlicher faseriger Silikatmineralen, die unbrennbar sind und durch mechanische oder chemische Verfahren zu Fasern unterschiedlichster Länge und Dicke aufbereitet werden können. Sie unterscheiden sich in ihrer chemischen Zusammensetzung und ihren Eigenschaften.

Geringe Kosten, ausgezeichnete mechanische Eigenschaften sowie hohe Wärmefestigkeit haben die umfangreiche Anwendung zur Verstärkung von Kunststoffen begünstigt. Trotzdem hat man erst kürzlich erkannt, daß die Asbest-Fasereinheit ein natürlich vorkommender „Whisker", d. h. ein unter definierten Druck- und Temperaturbedingungen gewachsener, anorganischer Kristall ist. Die 6 wichtigsten Asbest-Modifikationen umfassen die faserige Form, die als Chrysotil bekannt ist, und 5 Mine-

Tabelle 22

Eigenschaften von Asbestmineralien

Eigenschaften	Chrysotil	Anthophyllit	Crocidolit	Actinolit	Tremolit	Amosit
Zusammensetzung	$Mg_3Si_2O_5(OH)_4$	$Mg_7Si_8O_{22}(OH)_2$	$Na_2Fe_5Si_8O_{22}$	$Ca_2Fe_5Si_8O_{22}(OH)_2$	$Mg_5Ca_2Si_8O_{22}(OH)_2$	$(Fe, Mg)_7Si_8O_{22}(OH)_2$
Kristallhabitus	feine, leicht separierbare Fasern	prismatische Kristalle u. Fasern	lange, spröde Fasern	prismatische Kristalle u. Fasern	prismatische Kristalle u. Fasern	prismatische Kristalle u. Fasern
Farbe	weiß, grau, grün	grau-weiß	blau	grün	weiß, grau-weiß, grün	aschgrau od. braun
Glanz	seidig	glasig bis perlmuttartig	seidig bis matt	seidig	seidig	glasig bis perlmuttartig
Textur	weich bis rauh	rauh	weich bis rauh	rauh	rauh	rauh
Flexibilität	sehr gut	gering	gut	gering	gering	gut
Härte (Mohs)	2,5···4	5,5···6	4	6	5,5	5,5···6
Faserdurchmesser A	200···400	600···900	600···900	600···900	600···900	600···900
Reißfestigkeit kp/cm²	20000···60000	< 300	30000···40000	< 70	70···500	7000···14000
E-Modul kp/cm²	$1,6 \cdot 10^4$	—	$1,9 \cdots 10^4$	—	—	$1,7 \cdots 10^4$
Dichte g/cm³	2,4···2,6	2,8···3,1	3,2···2,3	3,0···3,2	2,9···3,2	3,1···3,3
Brechungsindex	1,51···1,55	1,61	1,7	1,63	1,61	1,64
Beständigkeit gegen Säuren	gering	sehr gut	gut	mittel	gut	gut
Elektr. Ladung in wäßr. Aufschlämmung	positiv	negativ	negativ	negativ	negativ	negativ

ralien: Anthophyllit, Crocidolit, Actinolit, Tremolit und Amosit. In Tab. 22 sind ihre Eigenschaften zum Vergleich zusammengestellt.

Asbest-Fasern sind leicht an ihrer Bündelung und Teilbarkeit zu erkennen (Abb. 32 und 33).

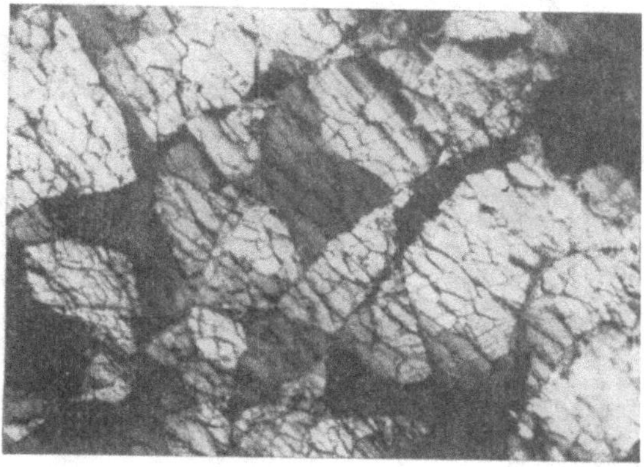

Abb. 32. Chrysotilasbest, Querschnitt; unaufgeschlossenes Faserbündel (260:1) [166]

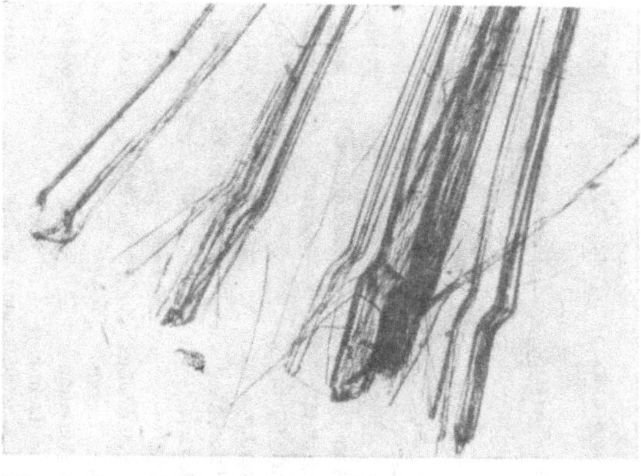

Abb. 33. Chrysotilasbest, Längsansicht (260:1)

Die Teilbarkeit geht so weit, daß feinste Faserbündel und Elementarfasern nicht mehr mit dem Lichtmikroskop erkannt werden können. Typisch für das mikroskopische Bild ist daher das Vorhandensein von Faserbündeln aller Größenordnugen. Zwischen den einzelnen Sorten lassen sich gewisse Unterschiede feststellen. So sind für den Chrysotilasbest Knickstellen und Verwerfungen charakteristisch, die auf eine hohe Schmiegsamkeit hindeuten. Die anderen Asbestarten besitzen diese nicht. Fasern von Crocidolit und Amosit weisen in ihrem Längsverlauf lediglich weiche Biegungen auf (Abb. 34, 35) während Tremolit sehr steife und daher kaum gebogene Fasern zeigt (Abb. 36).
Im folgenden werden kurz die einzelnen Asbest-Modifikationen charakterisiert.

Chrysotil

Dieses Mineral in Faserform ist die am häufigsten vorkommende Asbest-Modifikation. 90% des in der Kunststoffindustrie verarbeiteten Asbests ist Chrysotil. Seine positive Oberflächenladung, seine Weichheit und Flexibilität sowie der niedrige Brechungsindex unterscheiden

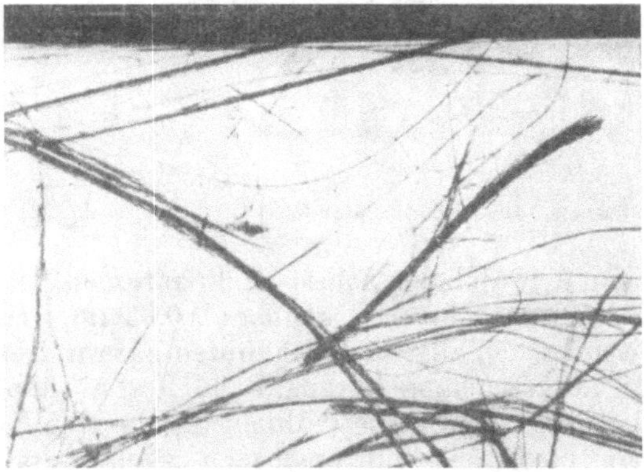

Abb. 34. Crocidolitasbest, Längsansicht (260:1), [166]

Abb. 35. Amositasbest, Längsansicht (260:1), [166]

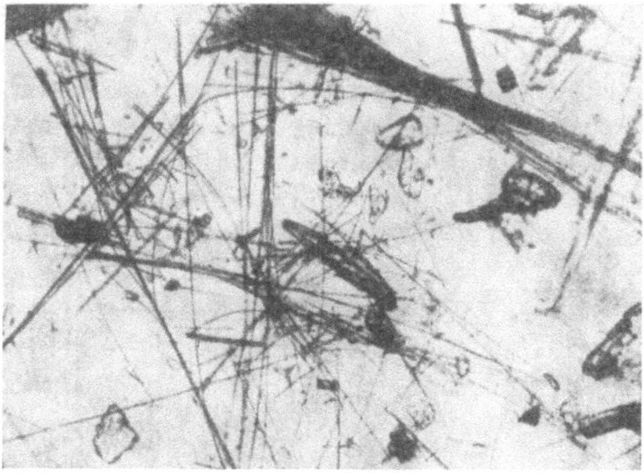

Abb. 36. Tremolitasbest, Längsansicht (130:1), [166]

es deutlich von den anderen Asbest-Modifikationen. Die Faserdurchmesser von Chrysotil, kleiner als 0,03 μm, sind die kleinsten unter den allgemein bekannten Fasern. Das Material hat ausgezeichnete mechanische Festigkeiten. Die Kristallstruktur von Chrysotil ähnelt der der Kaolin-Mineralien: tetraedrische Siliciumebenen wechseln ab mit oktaedrischen Magnesiumhydroxid. Die Außenfläche der Faser besteht im wesentlichen aus Magnesiumhydroxid Aus Röntgendiagrammen und Elektronenbeugungsaufnahmen konnte hergeleitet werden, daß Chrysotil eine zylindrische Struktur hat. Elektronenmikroskopische Untersuchungen in Japan ergaben einen mittleren Außendurchmesser der Chrysotil-Faser von etwa 250 Å und einen Innendurchmesser von ca. 140 Å.

Chrysotil kommt nur im sog. Serpentingestein vor, aus dem die „Faseradern" durch Mahlen in Brechwerken usw. gewonnen werden.

Anthophyllit-Fasern

Sie kommen in Form kompakter Faserblöcke vor, in denen die einzelnen Fibrillen regellos verteilt sind. Die Faserlänge beträgt maximal etwa 2,5 cm. Diese Modifikation wird für Isolierungen, als Filtermaterial und als Füllstoffe für Kunststoffe und Farben sowie zur Herstellung von Asbest-Zementprodukten verwendet. Asbestfaserverstärktes Polypropylen enthält fast ausschließlich Anthophyllit.

Crocidolit

Das auch als blauer Asbest bezeichnete Mineral wird vorwiegend in Südafrika gefunden. Von nadelähnlicher Struktur und sehr hoher Festigkeit, kann es zur Verstärkung von Kunststoffen dort verwendet werden, wo seine ausgeprägte Färbung nicht stört.

Tremolit und Actinolit

Diese Modifikationen sind einander sehr ähnlich und werden hauptsächlich als Filtermaterialien verwendet.

Amosit

Es handelt sich um eine sprödharte gelblich-braune Faser, die in erster Linie zur Wärmeisolierung dient.

Der größte Anwendungsbereich für Asbest auf dem Thermoplastgebiet sind die Vinyl-Asbestfliesen. Verarbeitungsfertige asbestgefüllte Thermoplaste gibt es auf Basis Polypropylen, Polyamid, PVC hart und Polyäthylen.

Tab. 22 zeigt die Verbesserung einiger Eigenschaften, wie Steifigkeit, Wärmebeständigkeit, Wärmeausdehnung und Formschrumpf, bei Polypropylen mit 40% Anthophyllitgehalt. Schrumpf und Versprödungsneigung bei Klebstoffen lassen sich durch Zusatz von bis 60% Asbestfüllstoffe reduzieren. Bei Klebern auf Basis Phenolharz, Harnstoffharz, Kautschukregenerat und Silikaten verbessert Asbestfüllstoff die Wärmebeständigkeit.

Seit 1965 hat der Einsatz asbestfaserverstärktem Polypropylens in der Automobilindustrie beachtlich zugenommen. Seit einiger Zeit haben mehrere Hersteller auch asbestfaserverstärkte Polyamid- und Polyolefingranulate auf den Markt gebracht. Die Eigenschaften einiger Polyamide, die 30% Chrysotil enthalten, sind ebenfalls in Tab. 23 aufgeführt. Durch Verwendung von kolloidalen, hochreinem Chrysotil erzielt man hohe Verstärkungsgrade. In Verbindung mit einer entsprechenden Technologie zur Verbesserung der Benetzbarkeit und der Faserverteilung konnte dadurch bei linearen Polyäthylenen eine dreifache Erhöhung der Festigkeit und des Moduls bei 40% Asbestgehalt erreicht werden.

Die Feinheit der Chrysotil-Fasern ergibt in Verbindung mit der guten Haftung am Kunststoff sehr feste Verbunde. Auch transparente Formmassen können in vielen Fällen ohne großen Verlust an Transparenz mit diesem Asbesttyp verstärkt werden, da der Durchmesser des kolloidalen Chrysotils unterhalb der Wellenlänge des sichtbaren Lichtes liegt.

Nahezu alle härtbaren Harze lassen sich mit Asbest-Fasern verstärken. Man erhält damit eine gute Oberfläche und verbesserte physikalische Eigenschaften, besonders für Anwendungen in der Elektroisolation, Wärmeisolation und bei Brems- und Kupplungsbelägen. Poly-

Tabelle 23

Asbestfaserverstärkte Thermoplaste

		Polypropylen unverstärkt	40% Asbest	Polyamid mit 30% Asbest 6	6/10	6/6
Zugfestigkeit	kp/cm^2	350	340	1400	1000	1400
Reißdehnung	%	200	5	—	—	—
Biegefestigkeit	kp/cm^2	—	—	2000	1500	2000
Biegemodul	kp/cm^2	12000	45000	100000	80000	100000
Dichte	g/cm^3	0-91	1,24	—	—	—
Wasseraufnahme 24 Std.	%	0,01	0,02	—	—	—
Linearer Ausdehnungskoeffizient	grd^{-1}	$6{,}8 \cdot 10^{S}$	$3{,}8 \cdot 10^{S}$	—	—	—
Formschrumpf		0,015	0,01	—	—	—
Durchschlagfestigkeit	kV/cm	250	180	180	180	180
Elektr. Durchgangswiderst.	Ω cm	$1 \cdot 10^{17}$	$1{,}5 \cdot 10^{15}$	$7 \cdot 10^{11}$	$1 \cdot 10^{13}$	$8 \cdot 10^{12}$
Dielektrizitätszahl	60 Hz	2,2	2,75	4,3	4,0	4,1
	10^6 Hz	2,2	2,6	3,5	3,3	3,5
Dielektr. Verlustfaktor	60 Hz	0,0002	0,007	0,053	0,031	0,032
	10^6 Hz	0,0002	0,002	0,019	0,018	0,017

ester-Premixes für die Herstellung von Automobilteilen, Traktor- und Schiffsmotorgehäusen enthalten häufig Kurzfaserchrysotil. Asbestfasergefüllte Phenol- und Harnstoff-Formaldehydharze werden auf dem Elektrosektor verwendet, und zwar besonders dort, wo gleichzeitig hohe Wärmefestigkeit verlangt wird.

Asbestverstärkte Polyester- und Diallylphthalatverbunde werden ebenfalls für das Elektrogebiet verwendet. Die Verbunde erlauben enge Fertigungstoleranzen sowie einfaches Einpressen von Inserts. Phenolharz-Asbestlaminate für Raketen-Flammrohre sind nur ein Beispiel für die wachsende Nachfrage nach asbestfaserverstärkten Verbunden, die bedingt ist durch die Forderung des Raumfahrtzeitalters nach hitze-, chemikalien- und stofffesten Werkstoffen [128].

5.0. Bor-Faserstoffe

In den modernen Industriestaaten wird die Entwicklung von Bor-Fäden mit steigendem finanziellen Aufwand vorangetrieben. Bereits 1970 betrug die Produktion dieser temperaturbeständigen und hochfesten Fasern mehr als 10 t/a [129]. Wegen ihrer großen Festigkeit eignen sich Bor-Fäden hervorragend zum Verstärken besonders beanspruchter Verbundwerkstoffe. Sie besitzen eine Oberfläche mit „Maiskolbenstruktur", die es ermöglicht, die Fäden besonders fest in einer Matrize zu verankern.

5.0.1. Aufbau und Eigenschaften der Boreinzelfäden

Bor ist ein vorwiegend nichtmetallisches, säurebildendes Element. Es tritt amorph und in kristalliner Form auf. Die grauschwarzen Borkristalle sind das härteste Element nach Diamant. Wegen der unzulänglichen Duktilität des Bors eignen sich die üblichen Drahtziehmethoden nicht zur Herstellung von Fäden; auch die TAYLOR-Methode kommt hierfür wegen der glasbildenden Eigenschaften des Bors (zusammen mit SiO_2) nicht in Frage. Bisher hat sich nur eine einzige Art der Fadenproduktion bewährt: das Abscheiden von Bor aus der gasförmigen Phase einer Borhalogen-Verbindung auf einem erhitzten Wolframfaden. Wolfram hat eine Dichte von 19,2 g/cm³, Bor aber nur eine solche von 2,37 g/cm³. Um ein günstigeres Gewichtsverhältnis zu erhalten, ist deshalb der Anteil des Wolframs möglichst gering zu halten. Der Grundfaden muß für die Widerstandsheizung elektrisch leitend sein und eine Reaktionstemperatur von 1050 °C besitzen. Der Wolfram-Faden kann aus technischen Gründen nicht dünner als in einer Stärke von 10—12 μm hergestellt werden. Beim Krümmen dicker Fäden treten aber erhebliche Biegespannungen auf.

Aus diesen Gründen wählt man den Kompromiß eines Außen-Dmr. von 0,1 mm mit einem Wolfram-Gewichtsanteil von 13%. Der Gesamtfaden hat dann eine mittlere Dichte von 2,45 g/cm³.

Verschiedentlich wurde versucht, das teure und gewichtsmäßig ungünstige Wolfram durch andere Substrate, wie Aluminium, Titan oder kohlenstoffbeschichtete Quarzfäden zu ersetzen. Borhalogen-Prozesse haben für diese Fäden zu hohe Abscheidetemperaturen. Andere Borverbindungen, wie z. B. Borwasserstoffe, können schon ab 530 °C abgeschieden werden. Die Optimierung des wegen seiner Giftigkeit und Explosionsgefährlichkeit sehr aufwendigen Borwasserstoff-Prozesses ergab Zugfestigkeiten und E-Moduli der hergestellten Fäden, die wesentlich niedriger lagen als beim Borhalogen-Prozeß (Abb. 37, 37a, 37b). Diese schlechten Eigenschaften sind teils auf das entstehende, weniger dichte Gefüge, teils auf Verunreinigungen und Gefügeverschlechterungen des Bormantels zurückzuführen. Die Grundfadenmaterialien Aluminium und Titan diffundieren infolge ihrer geringen Massenzahlen in größerem Umfang in den Bormantel und verschlechtern den Aufbau der Kristallite.

Fasertyp	A	B	C	D
Grundfaden:	W	W	W	W
Rohstoffe:	$BCl_3 + H_2$	$BCl_3 + H_2$	$BCl_3 + H_2$	$BBr_3 + H_2$
	US-Aircraft	Texaco Exp.	Gen. Electric	Astro Res.

Fasertyp:	E	F	G	H	I	K
Grundfaden:	W	Al	Al	Ti	W	W
Rohstoffe:	B_2H_6	B_5H_9	B_2H_6		B_5H_9	$(C_2H_5)_3$
	General Technologies Corp.					

Fadenaufbau

Beim Borhalogen-Prozeß mit Wolframsubstrat diffundiert hauptsächlich das leichtere Bor in die Wolframseele und reagiert zu WB und W_2B_5. Auch WB_4 wird vermutet, konnte aber noch nicht exakt nachgewiesen werden. Diese chemischen Reaktionen vergrößern die Seele von 12 auf 17 μm. Sie hat damit einen Volumenanteil von 3,2% und

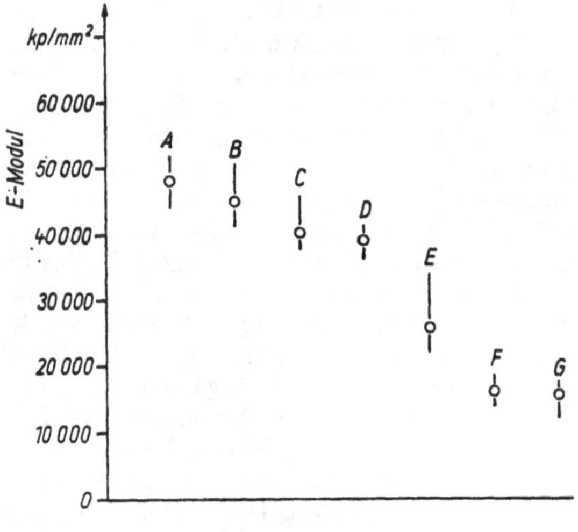

Abb. 37a. Abhängigkeit E-Modul vom Bor-Fasertyp

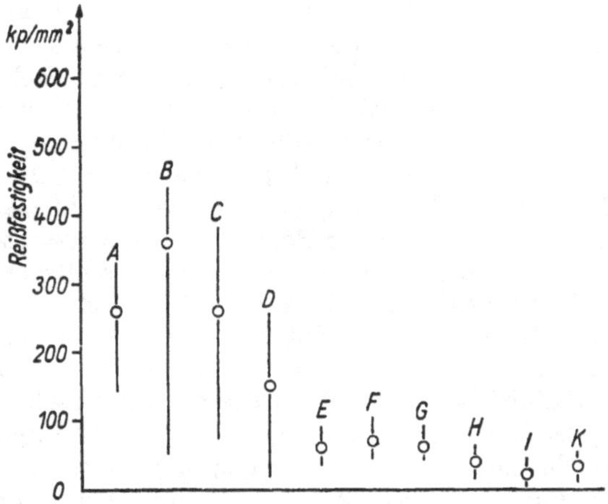

Abb. 37b. Abhängigkeit der Reißfestigkeit vom Bor-Fasertyp

erscheint in Querschnittbildern gegen den äußeren Bormantel scharf abgegrenzt.

Von Kristallisationskernen auf der Seele ausgehend, lagert sich das Bor keilförmig nach außen ohne gerichteten Kristallaufbau, wobei sich an den Kristallisationsgrenzen z. T. kleine Spalten bilden, die im Mittel 0,25 bis 0,75 µm lang sind. Anfänglich wurde eine amorphe Struktur des Bormantels angenommen. Durch sorgfältige Röntgenbeugungsuntersuchungen konnten α-rhomboedrische Kristalle mit kleinen β-rhomboedrischen Einlagerungen festgestellt werden.

Fadeneigenschaften

Der beschriebene Faden ist matt-anthrazitfarben und hat eine maiskolbenartige Oberflächenstruktur. In den Mikroskopaufnahmen wurden langgestreckte Spalten in axialer Richtung festgestellt. Bei gut verlaufenden Wachstumsprozessen sind diese außen überwachsen.

Im Quer- und Längsschnitt fällt die helle Kernzone auf, die aus den Reaktionsprodukten des Wolframs mit BCl_3 besteht. Durch Eindiffundieren des Bors und nachfolgender Ausbildung der Wolframboride WB, WB_4 und W_2B_5 wird der Kern aus metallischem Wolfram annähernd vollständig verbraucht. Durch die rasche Diffusion des Bors in das Wolfram, der kein vergleichbares Eindringen des Wolframs in die Borhülle gegenübersteht, bildet sich ein scharfer Übergang von Bor in die Wolframboride der Kernzone aus. An der Grenzfläche kommt es sogar zur Entstehung kleiner Hohlräume auf seiten des abgeschiedenen Bors. Durch die Aufnahme des Bors wird der Kern erheblich aufgeweitet. Während der Abscheidung gerät der Kern unter große Spannung. Es konnten Druckkräfte bis zu 180 kp/mm^2 nachgewiesen werden.

Den unvermittelten Übergang vom Wolframborid zur Borhülle zeigt auch das Elektronenmikroskop sehr deutlich, während die Aufnahmen von Bruchflächen den Begriff „glasartiges Bor“ auch vom optischen Eindruck her verständlich machen.

Es wurde festgestellt, daß die erreichten Biegespannungen nahezu doppelt so hoch liegen wie die gemessenen Reißfestigkeiten. Dafür konnte bisher eine exakte Erklärung noch nicht gefunden werden.

Eine Lösungsmöglichkeit sind die über dem Fadenradius variablen Werte für E-Modul und Zugfestigkeit. Die Kernzone aus Wolframboriden hat einen sehr niedrigen E-Modul und damit einen geringen Traganteil. Beim Zugversuch über den ganzen Fadenquerschnitt ist eine mittlere Festigkeit festzustellen. Der äußere hochfeste Bormantel ergibt hauptsächlich die hohen Biegespannungen. Daß vorwiegend der äußerste Bormantel dem Faden die Steifigkeit und Festigkeit verleiht, wird auch durch andere Versuche bestätigt, bei denen an längsgespaltenen Bor-Fäden die Wolframboridseele herausgeätzt wird. Dieser Borfadenmantel wies Festigkeiten von 700–1100 kp/mm^2 und E-Moduli über 50000 kp/mm^2 auf.

Die hohe Schmelztemperatur des Bors von 2300 °C läßt auf eine gute Temperaturbeständigkeit der Bor-Fäden schließen. Bei kurzzeitigem Erhitzen und Prüfen in einer Inertgas-Atmosphäre weisen sie bei 1100 °C nur einen Festigkeitsabfall von 20% auf. Oberhalb dieser Temperatur tritt durch Umwandlung von α- in β-rhomboedrische Borkristalle ein Festigkeits-Steilabfall ein. In Luft beginnt schon unterhalb 300 °C eine merkliche, mit der Zeit und der Temperatur rasch zunehmende Oxydation. Dies führt ab 450 °C zu einem steilen Absinken der Festigkeit. Wegen ihrer guten Wärmebeständigkeit bei verhinderter Luftzufuhr liegt ein Einbetten der Bor-Fäden in metallische Matrixwerkstoffe nahe. Doch zwei Vorgänge wirken sich dabei nachteilig aus:

1. Die Diffusion der beiden Stoffe ineinander. Hauptsächlich diffundiert das Bor sonnenstrahlenartig in die Matrix.

2. Bor ist bei erhöhten Temperaturen chemisch hochreaktiv und ist mit anderen Stoffen wie Aluminium, Silicium und Sauerstoff ein leicht glasbildendes Element.

Bor-Aluminium- und Bor-Titanbleche werden in den USA bereits produziert; ihre Verarbeitung und Anwendung steht am Anfang der Entwicklung. Größere Erfahrungen liegen bereits mit den Borfadenkunststoffen vor.

Bor-Fäden werden im allgemeinen mit einem Durchmesser von ca. 100 µm produziert und in endlosen Längen geliefert. Abweichende Durchmesser können durch eine entsprechende Führung des Herstellungsganges erhalten werden. Die Standardabmessung ist für eine bequeme Handhabung noch ausreichend biegsam. Der rechnerische Volumenanteil des Wolframs liegt dann bei etwa 1,7%, das Verhältnis zum Gesamtgewicht beträgt ungefähr 12,5%. Um die Kosten zu senken und das Gewicht zu verringern, ist es wünschenswert, den Wolframdrahtkern zu ersetzen, z. B. durch einen Glas- oder Kohle-Faden. Die mechanischen Eigenschaften werden nämlich nur durch die Borhülle bedingt, die Bruchdehnung des Bor-Fadens beträgt 96%. Die Dehnung bleibt über den ganzen Belastungsbereich eine lineare Funktion der Belastung. Ein Fließen vor dem Bruch läßt sich kaum nachweisen. Im Bereich von 100 °C bis 800 °C steigt die Wärmeausdehnung eines Borfadens nur von 0,1 bis $0{,}8 \cdot 10^{-6}$ m/m · grd.

Tab. 24 gibt eine Übersicht über die mechanischen Eigenschaften der Borfäden.

5.0.2. Verwendung von Bor.Fäden

Bor-Fäden sind wegen ihrer Steifheit und Sprödigkeit schwierig zu handhaben. Deshalb werden sie fast ausschließlich über Prepreg-Halbzeuge, in denen die Fäden parallel ausgerichtet und gleichmäßig verteilt sind, zu Probekörpern oder Bauteilen verarbeitet. Bauteile aus Borfadenkunststoffen (BFK) sind aber bisher nur für Versuchszwecke hergestellt worden. Die noch nicht ausreichenden praktischen Erfahrungen und der hohe Preis von 2500—3000,— DM/kg hemmen ihre technologische Verwendung. In Fällen, in denen eine große Steifigkeit gefordert wird, weisen Borfadenkunststoffe gegenüber Glas-Fasern und klassischen Metallkonstruktionen den Vorteil eines geringen Gewichtes auf. Besonders wichtig ist die Strukturgewichtsverminderung bei solchen Bauteilen, die vorwiegend einachsig beansprucht werden, wie Stringer und Gurte. Diese sind auf Steifigkeit — Festigkeit dimensionierte Strukturen hoher Lastdichte, die auf die Strukturfläche bezogen hohe Lasten aufnehmen.

Als Beispiel für die Verwendung verschiedenartiger Bauteile sei der Bodenträger des Flugzeugs Boeing 707 angeführt. Der Schubverband besteht aus einem — serienmäßig produzierten Titanblech-Aluminiumwaben-(Sandwich-)Teil und Gurten, die aus Bor-Faden-Expoxydharz hergestellt sind. Beide Bauteile besitzen die gleiche Festigkeit und Steifigkeit; ihr Gewichtsverhältnis beträgt aber 100:54. Ein solcher Unterschied rechtfertigt aus ökonomischen Erwägungen die Verwendung des teueren Materials. Wenn man die Transportkosten der Nutzlast

Tabelle 24

Mechanische Eigenschaften verschiedener Borfaserstoffe

Bor-Fäden	Durchmesser [μm]	Dichte [g/cm³]	Reißfestigkeit [kp/mm²]	Elastizitätsmodul [kp/mm²]	spez. Reißfest. (sog. Reißlänge) [km]	spez. E-Modul (sog. Dehnlänge) [km]	Preis [DM/kg]	Stand der Anwendung	Literatur
		2,7	280···300	45000	100···200	16500	2300···4000	Flugzeugzellen u. Beplanung, Rotoren u. Turbinen	[129]
		2,6	210···350	38000···42000					
	100 ± 5	2,7	300	37000					[9]
	100	2,6	210···560	38000···45000			2690···3000 (USA) 4700 (BRD)	Versuchsproduktion	[154]

für die gesamte Lebensdauer von etwa 20000 Flugstunden berechnet, so ergibt sich für die Boeing 707, daß jedes Kilo Mindergewicht eine Einsparung von 5600,— DM ausmacht. (In dem 3,4 kg schweren Träger sind 20 Gew.-% Bor enthalten.)

Mehrachsig beanspruchte Bauteile erfordern Laminate mit verschiedener Orientierung der Fäden. Es handelt sich vor allem um Schalenteile (niedriger Lastflußdichte), die aus (weitgehend aufgelösten) Leichtbaustrukturen bestehen, wie die Torsionsschalen der Flügel, die gesamte Rumpfschale und die Steuerflächen. Die Bruchfestigkeit läßt sich durch Auswahl eines steifen Werkstoffes und durch konstruktive Maßnahmen verbessern, z. B. dadurch, daß beim Sandwichaufbau die nach Lageplänen vorgefertigten Bor-Fäden-Kunststoffhäute mit einem Wabenkern aus Al, GFK oder Polyamid mittels Zusatzklebern verbunden werden. Eine von der Firma Douglas unter Verwendung von Bor-Expoxydharz gebaute Landeklappe für die F 4 Phantom erwies sich als nur 25% leichter als die herkömmliche Klappe. Bemerkenswert ist der integrale Strukturaufbau mit nur 84 Einzelteilen gegenüber 280 Einzelteilen einer Metallklappe. Bei der im konventionellen Flugzeugbau häufig verwendeten stringerversteiften Platte wirkt sich der Einsatz von borfadenverstärkten Stringerprofilen vorteilhaft aus.

5.1. Borcarbid-Faserstoffe

Reduziert man Boroxid bei hohen Temperaturen mit Kohlenstoff anstelle von Metallen, so entsteht ein Produkt mit variabler, von den besonderen Reaktionsbedingungen abhängiger Zusammensetzung. Diese entspricht in der Regel näherungsweise dem B_4C, dem normalen handelsüblichen Borcarbid, doch läßt sich bei sorgfältiger Versuchstechnik auch ein Produkt der Analysenformel B_5C erhalten. $B_{13}C_2$ gewinnt man in direkter Synthese aus den Elementen. Es zeigt sich, daß die Kristallstruktur, die solch eine Vielfalt ermöglicht, der Prototyp für bestimmte andere borreiche Zwischengitter-Systeme ist.

Man fand, daß die Elementarzelle drei B_4C-Formeleinheiten enthält, so daß $B_{12}C_2$ zustande kommt. Die Boratome des Kristallgitters sind wie üblich in Ikosaedern angeordnet, zwischen denen Ketten aus drei Kohlenstoffatomen liegen. Im übrigen ist die Struktur mit der des α-rhomboedrischen Bors identisch, wobei anstelle der Delta-Bindungen die Zwischengitteratome als Brücken fungieren. Die Gegenwart von Kohlenstoff auf diesen Zwischengitterplätzen erklärt die höhere Dichte α von 2,52 g/cm^3 im Vergleich zu der des α-Bors mit 2,46 g/cm^3, sie verringert die chemische Reaktivität. Am interessantesten ist jedoch, daß diese drei Stellen in der Kette nicht äquivalent sind, denn das mittlere Kohlenstoffatom läßt sich durch Bor ersetzen, so daß eine —C—B—C-Kette und die Elementarzelle $B_{13}C_2$ entstehen. Die äußeren C-Atome sind jedoch nicht gegen Bor austauschbar [155]. Faserstoffe aus Borcarbid können mit sehr kleinen Durchmessern bis herab zu 10 µm gefertigt werden.

Aus diesen Fäden lassen sich Garne herstellen, die man zu Geweben verarbeiten kann. „Konventionelle" Bor-Fasern verlieren bei Temperaturen von 1000 °C völlig ihre Festigkeit. Dieses Verhalten hängt mit der instabilen Mikrostruktur der Borschicht zusammen, die durch das sehr schnelle Abscheiden auf dem Wolframkern entsteht. Zurückzuführen ist diese Erscheinung letztlich auf einen Phasenwechsel bei Temperaturerhöhung. Dieser kann durch Einbau von Kohlenstoffatomen in das Borgerüst unterbunden werden.

Die Borcarbid-Faser wird hergestellt durch eine Hochtemperaturreaktion von Borchlorid und Wasserstoff mit Kohlenstoff-Fäden

$$BCl_3 + H_2 + \text{Kohlenstoffgarn} \rightarrow B_4C\text{-Garn} + \text{Garn} + HCl$$

Dabei entsteht unmittelbar an der Kohleoberfläche eine B_4C-Schicht; die weitere Carbidbildung hängt von der Bor- und Kohlenstoffdiffusion durch diese B_4C-Schicht ab. Zur Erzielung optimaler Eigenschaften müssen die Kohle-Fäden nicht hundertprozentig in Borcarbid-Fäden umgewandelt werden. Die besten Festigkeiten wurden an Produkten mit etwa 50% C in B_4C gemessen. In Tab. 25 sind mechanische Eigenschaften von B_4C-Fasern (53 und 71% Umwandlung) mit denen der ursprünglichen C-Faser verglichen. Die B_4C-Faser hat eine überragende thermische Stabilität. Zeitweilige Temperaturbeanspruchungen bis 2200 °C verändern die mechanischen Eigenschaften nicht.

Tabelle 25

Eigenschaften von B_4C-Fasern

Garn-Type	Dichte [g/cm³]	Durchmesser [µm]	Zugfestigkeit [kp/cm²]	E-Modul [kp/cm²]
Kohlenstoff	1,55	9,5	7000	350000
53% B_4C	2,17	10,5	17000	3400000
71% B_4C	2,34	11,9	15000	3900000

Der Vollständigkeit halber seien an dieser Stelle auch die Bor-Fäden mit Siliciumcarbidüberzug erwähnt.

Ähnlich dem Bor-Faden kann auch ein SiC-Faden durch Abscheiden von SiC aus der Gasphase auf einen glühenden Draht erhalten werden. Bei unter Raumtemperatur vergleichbaren Festigkeitseigenschaften erweist er sich dem Borfaden bei erhöhten Temperaturen als überlegen, sowohl im Hinblick auf die strukturelle Festigkeit als auch auf die Reaktionsbeständigkeit. Ein Nachteil ist die höhere Dichte von 3,4 g/cm³. Ein reiner SiC-Faden zeigt bei 550 °C erst eine Festigkeitsabnahme von etwa 10% und hat noch bei 1280 °C 50% seiner Reißfestigkeit bei Raumtemperatur. Man muß aber erst noch Matrixsysteme entwickeln, um diese Eigenschaften der Temperaturbeständigkeit zur Geltung zu bringen.

Durch Aufbringen einer 2—3 μm dicken SiC-Schicht auf einer Bor-Fadenoberfläche erreicht man eine Vereinigung der guten Eigenschaften beider Fadenarten. Diese Fäden bewähren sich vor allem bei der Versteifung von Metallen, besonders von Aluminium; sie lassen sich bei Temperaturen, die beim ungeschützten Bor-Faden zur Reaktion mit der Metallmatrix führen, mit Aluminium verbinden.

5.2. Bornitrid-Faserstoffe

Wegen ihrer guten Eigenschaften — vor allem wegen ihrer ungewöhnlich großen Beständigkeit gegenüber der Einwirkung von Chemikalien und hohen Temperaturen sowie wegen ihres hohen elektrischen Widerstandes — haben Bornitrid-Fasern auf vielen Gebieten erhebliche Bedeutung erlangt.

Sie entstehen aus einer Reaktion von Boroxid-Fasern mit Ammoniak; hierbei durchläuft die Umwandlung bei steigender Temperatur mehrere Reaktionsstufen.

$$B_2O_3 + 2NH_3 \rightarrow 2BN + 3H_2O$$

Die einzelnen Stufen sind: $B_2O_3 \xrightarrow[>200°C]{NH_3} (B_2O_3)_n \cdot NH_3$

$$(B_2O_3)_n \cdot NH_3 \xrightarrow[>350°C]{NH_3} (BN)_x \cdot (B_2O_3)_y \cdot (NH_3)_z + H_2O$$

$$(BN)_x(B_2O_3)_y(NH_3)_z \xrightarrow[>1800°C]{} BN + (B_2O_3) \cdot H_2O + NH_3$$

Zunächst bildet sich eine Additionsverbindung der Form $(B_2O_3)_n \cdot NH_3$. Bei Erhitzung über 1000 °C entsteht ein hexagonales Schichtgitter. Wegen dieser Struktur nennt man das Endprodukt auch „weißen Graphit“. In weiteren Zwischenstufen gelangt man bei Temperaturen von mehr als 1 800 °C zu BN. Die Verbindung besitzt graphitähnliche Eigenschaften, gute Schmier- und hohe thermische Leitfähigkeit. Das Aussehen ist seidenartig.

Nachstehende Bornitridstruktur wurde nachgewiesen:

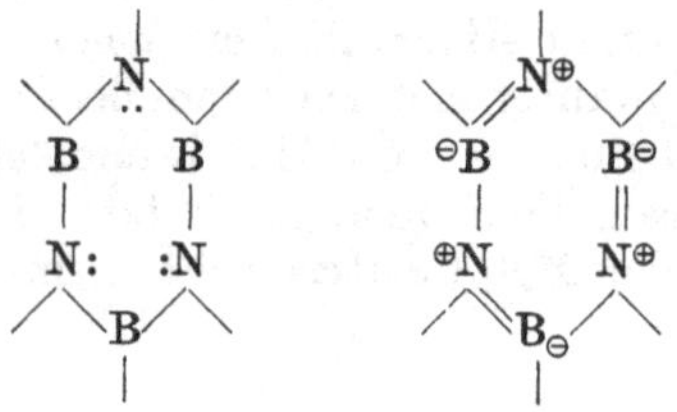

Auch folgende Typ-Reaktionen wurden beobachtet:
Eine Disproportionierungsreaktion von Trialkoxyboroxin mit Ammoniak (NH_3) ergibt:

$$B(OR)_3 \cdot (B_2O_3)_{12}(NH_3)_8 + B(OR)_3$$

und ein 1/1-Komplex von NH_3 mit Trialkoxyboroxin:

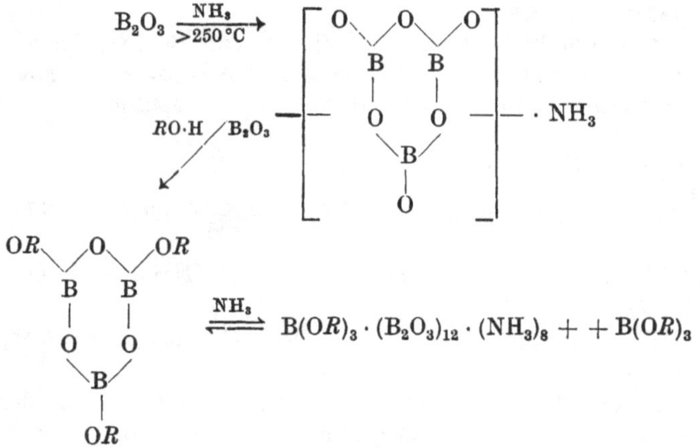

Die Bornitrid-Fasern sind poylkristallin. Sie bestehen aus einer Hauptphase von turbostratischem Bornitrid und einer dreidimensionalen geordneten Phase, die nicht hexagonal ist. Ihre Dichte beträgt etwa 1,8 g/cm³ bis 1,9 g/cm³; sie wird durch den Anteil an innerer Mikropososität und dem Kristallzwischenschichtabstand bestimmt [157].

Die Durchmesser der Bornitrid-Fasern liegen in der Größenordnung von 10—30 μm. Die Fasern sind ungiftig, wirken nicht entzündend und verhalten sich gegenüber Chemikalien neutral.

Die ungewöhnlichen Eigenschaften der Bornitrid-Fasern können unmittelbar auf die Struktur des Bornitrids zurückgeführt werden. Die Fasern besitzen einen feinkörnigen polykristallinen Aufbau, der eine hohe Beständigkeit gegenüber der Scheuerung — beispielsweise Faden — gegen Faden-Scheuerung — und der damit gegebenenfalls verbundenen Faserschädigung ergibt. Solche Eigenschaften sind z. B. bei Glas-Fäden nicht anzutreffen, bei denen die Oberfläche gegenüber derartigen Beschädigungen geschützt werden muß. Die thermische Beständigkeit kann mit dem Vorhandensein ebener Netzwerke hexagonaler Ringe, wie sie in ähnlicher Weise beim Graphit vorliegen, erklärt werden. Der hohe elektrische Widerstand geht auf den vollständigen Mangel freier Elektronen zurück, wenn auch das Bornitrid die gleiche Anzahl und die gleiche Anordnung von Elektronen hat. Es kann in den Kristallen der Faser keine Orientierung festgestellt werden. Daraus ist zu schließen, daß die Fasern keine Richtungscharakteristika besitzen, wie sie normalerweise bei dem heißgepreßten Bornitrid in Form partieller Orientierung der Kristalle vorliegen. Diese Orientierung entsteht während der Bildung der Kristalle.

Thermische Eigenschaften

Bornitrid-Fasern sind gegenüber Temperatureinwirkung beständiger als alle anderen bisher bekannten Faserstoffe. Dies läßt sich mit dem Vorhandensein ebener Netzwerke hexagonaler Ringe erklären, wie sie in ähnlicher Weise auch beim Graphit vorliegen. Unter neutralen Bedingungen sind die Bornitrid-Fasern mindestens bis zu der extrem hohen Temperatur von 2500 °C beständig; nach den Angaben der Firma Carborundum, USA, bleiben sie sogar bis zu 3000 °C stabil. Bei der Erhitzung entsteht anfänglich ein geringer Gewichtsverlust. Tab. 26 zeigt, daß die Fasern bis 2100 °C aber während einer langen Zeit der Temperatureinwirkung keinen erhöhten Gewichtsverlust aufweisen. Bornitrid-Fasern sind auch oxydationsbeständiger als Graphit-Fasern, wie aus Abb. 38 ersichtlich ist. Graphit-Fasern oxydieren bei einer Temperatur von 600—700 °C vollkommen. Die Oxydation der Bornitrid-Fasern beginnt nach dem in

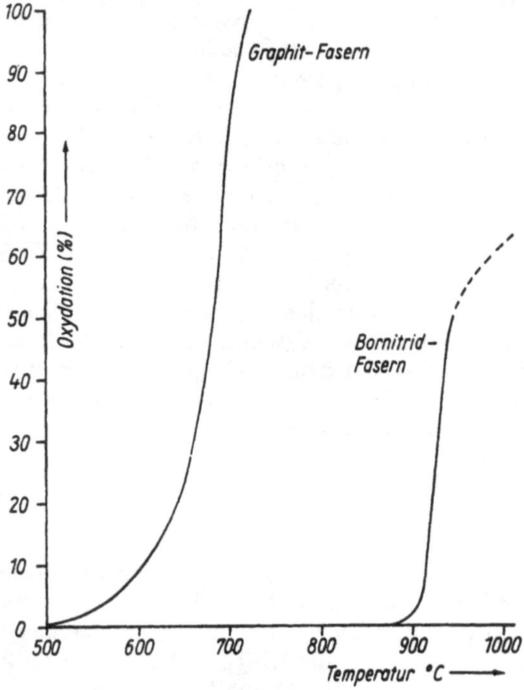

Abb. 38. Oxydationsempfindlichkeit von Graphit- und Bornitridfaserstoffen

Abb. 39 graphisch dargestellten Versuchsergebnissen erst bei einer Temperatur von 855—900 °C. Bei einer Temperatur von 840 °C wurde während einer Einwirkungszeit von mehreren Stunden kein Gewichtsverlust festgestellt. Die Oxydation von Bornitrid führt zur Entstehung einer Boroxidschicht, die bis zu einer Temperatur von 1300 °C als Schutz wirkt.

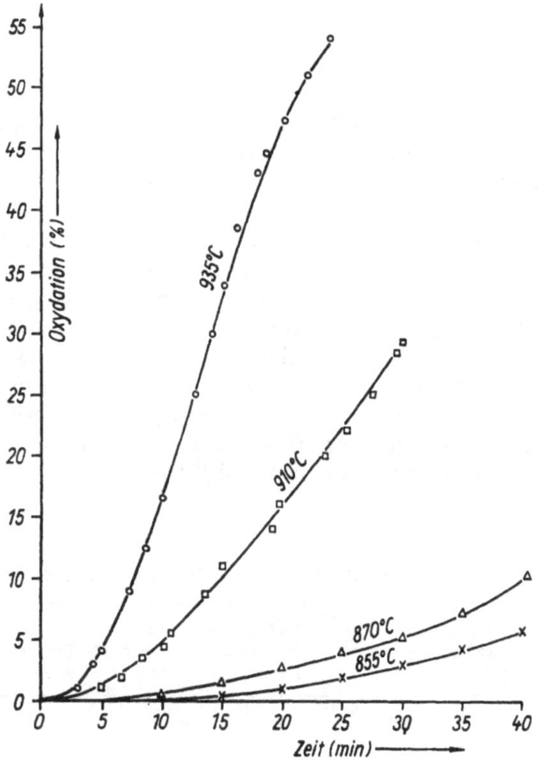

Abb. 39. Oxydationsempfindlichkeit bei verschiedenen Temperaturen von Bornitridfaserstoffen

Tabelle 26

Thermische Beständigkeit von Bornitridfasern in Stickstoff

Temperatur [°C]	Einwirkungszeit [Std.]	Gewichtsverlust [%]
1900	0,25	0,0
2100	2,50	3,53
2100	9,50	3,70
2400	0,33	7,30
2500	0,33	7,40

[158]

Korrosionsbeständigkeit

Die Bornitrid-Fasern sind extrem korrosionsbeständig. Sie werden von Säuren und Basen weniger angegriffen als irgendeine andere Kohlenstoff- oder Glas-Faser. Dies läßt sich aus Tab. 27 erkennen. Auch der Einfluß einer Fluorwasserstoffsäure auf die genannten Faserstoffe bei Raumtemperatur ist aus dieser Tabelle ersichtlich. Eine vor und nach der Einwirkung von Säuren oder Laugen durchgeführte chemische Analyse der Bornitrid-Fasern zeigte auf, daß keine künstliche Alterung der Fasern erfolgt war. Der Einfluß von Wasser auf Bornitrid-Fasern wurde unter verschiedenen Bedingungen untersucht. Aus Tab. 28 läßt sich entnehmen, daß die Fasern gegenüber Wasser bei Raumtemperatur beständig sind.

Tabelle 27

Korrosionsbeständigkeit von Bornitrid-Fasern im Vergleich mit anderen Fasern

Chemischer Stoff	Temperatur [°C]	Einwirkungszeit [Std.]	Gewichtsverlust [%]		
			Bornitrid-Fasern	Kohlenstoff-Fasern	Pyrex-Fasern
5%ig H_2SO_4	100	3	0,4	2,4	0,8
5%ig NaOH	100	3	0,1	2,3	51,2
48%ig HF	25	3	0,0	+5,6*	100

*) Gewichtszunahme

Tabelle 28

Hydrothermische Beständigkeit von Bornitrid-Fasern

Aggregatzustand von H_2O	Temperatur [°C]	Einwirkungszeit [Wochen]	[Std.]	Gewichtsverlust [%]
flüssig	25	2		0,0
	25	8		0,0
	100		75	0,1
dampfförmig	600		1	0,0
	700		1	0,8
	775		1	5,0

Unter extremen Bedingungen wurden im allgemeinen Gewichtsverluste von nur 0,0% bis zu 1% festgestellt. Allerdings wurden mitunter auch höhere Gewichtsverluste ermittelt, jedoch blieben in allen Fällen die guten Eigenschaften erhalten. Vermutlich sind die Gewichtsverluste durch die Anwesenheit kleiner Beträge von reinem kristallisierten Bornitrid bedingt. Eine einstündige Einwirkung von Wasserdampf mit einer Temperatur von 775 °C hat einen Gewichtsverlust von 5% zur Folge. Die Korrosionsangaben für festes Bornitrid lassen erkennen, daß die Fasern gegenüber Chlorgas bis zu einer Temperatur um 700 °C sowie gegenüber Schmelzen aus Roheisen, Silikaten, Aluminium, Kupfer, Kryolithen und Natriumchloridlösung (Kochsalzlösung) beständig sein sollten.

Elektrische Eigenschaften

Der elektrische Widerstand von Bornitrid-Fasern wurde bis zu einer Temperatur um 800 °C untersucht. Die in Abb. 40 dargestellten Versuchsergebnisse lassen erkennen, daß die Fasern bei einer Temperatur von 800 °C einen elektrischen Widerstand in der Größenordnung von 10^7 Ω cm aufweisen. Das Bornitrid und die Bornitrid-Fasern haben die gleiche Anzahl von Elektronen und auch die gleiche Anordnung der Elektronen. Der hohe elektrische Widerstand beruht auf dem vollständigen Fehlen freier Elektronen. Der Unterschied im elektrischen Widerstand der Bornitrid-Fasern und der festen Bornitride ist wahrscheinlich durch das Vorhandensein von einigen Prozent Boroxid in dem gegossenen Material verursacht. Die Veränderung des elektrischen Widerstandes des Borsilikatglases in Abhängigkeit von der Temperatur ist in Abb. 40 zum Vergleich eingetragen. In den Kristallen der Fasern ist keine Orientierung festzustellen. Hieraus ist zu schließen, daß sie keine Rich-

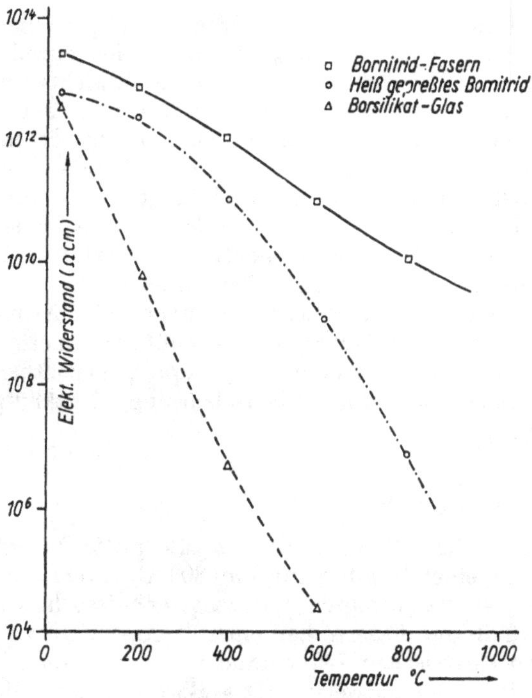

Abb. 40. Abhängigkeit des elektrischen Widerstandes von der Temperatur bei Borosilikat- und Bornitridfaserstoffen

tungscharakteristika besitzen. Dagegen liegt bei heißgepreßtem Bornitrid eine partielle Orientierung der Kristalle vor, die während der Kristallbildung entsteht.

Die Wärmeleitfähigkeit von Bornitriden ist für einen keramischen Werkstoff verhältnismäßig hoch. Vergleicht man die Wärmeleitfähigkeit von festem Bornitrid, Stahl, Glas und Zirkonoxid, so ergibt sich, daß Bornitrid dem Stahl ähnlich und etwa 20mal besser als Glas ist. Demnach zeichnen sich die Bornitrid-Fasern durch eine Kombination vorzüglicher Eigenschaften hinsichtlich der Isolation und Wärmeleitung aus.

Die elektrischen Eigenschaften von Bornitrid wurden für einen großen Temperatur- und Frequenzbereich untersucht. Es zeigte sich, daß der Verlustfaktor der Bornitrid-Fasern sehr gering ist.

Mechanische Eigenschaften

Bei den Bornitrid-Fasern wurden Festigkeiten von 150 kp/mm² nachgewiesen. Versuche ergaben, daß sich die Festigkeit bei Temperaturen bis zu 900 °C nicht veränderte. Bei Temperaturen oberhalb 1320 °C trat eine Abnahme der Festigkeit ein. Dynamische Beanspruchungen von Bornitrid-Fasern in neutralem Gas bei Temperaturen bis zu 2200 °C führten zu keiner Veränderung der anschließend bei Raumtemperatur ermittelten Festigkeit. Der Elastizitätsmodul liegt in einem Bereich von $2{,}8 \cdot 10^3$ kp/mm². Die Bruchdehnung beträgt etwa 2 bis 3% (s. Tab. 29). Die mechanischen Eigenschaften stehen in Beziehung zur Größe der Kristalle in den Bornitrid-Fasern. Besonders günstig sind kleine Metalle mit scharfen Korngrenzen, weil sich bei einer solchen Struktur die in den Faden hineingebrachte Energie beim Entstehen und Fortpflanzen eines Bruches auf zahlreiche Kristallbindungen verteilt. Nach röntgenographischen Untersuchungen sind die Kristalle in Bornitrid-Fasern sehr klein; ihre Größe liegt zwischen 50 Å und 150 Å. Der feinkörnige polykristalline Aufbau bewirkt eine große Beständigkeit gegenüber Scheuerungen, z. B. der Faden-gegen-Faden-Scheuerung und hemmt eine damit gegebenenfalls verbundene Schädigung der Fasern. Hierin liegt ein großer Vorteil z. B. gegenüber den Glas-Fasern. Bei letzteren muß die Oberfläche in besonderer Weise gegen Beschädigungen geschützt werden.

Tabelle 29

Eigenschaften von Bornitrid-Fasern

Zusammensetzung		99% BN
Temperaturbeständigkeit (unter inerten Bedingungen)	[°C]	2480
Dichte	[g/cm³]	1,4···2,25
Reißfestigkeit	[kp/mm²]	140···150
Elastizitätsmodul	[kp/mm²]	2800···9000
Durchmesser	[μm]	5···7
Bruchdehnung	[%]	2···3
Preis	[Dollar/kg]	20···350

Anwendungsgebiete

Die Bornitrid-Fasern werden zu Textilien (auch in Mischungen mit anderen Synthesefaserstoffen) und Filzen verarbeitet. Ferner werden sie zur elektrischen und thermischen Isolierung sowie für Filter- und Staubsammler verwendet. Vor allem aber haben sie in der Kerntechnik und Raumfahrt große Bedeutung erlangt. Sie dienen hier zur Verstärkung von Kunststoffen. Ihre große Unempfindlichkeit gegenüber Wärme und Oxydation führt zu ihrem Einsatz bei der Entwicklung von Hitzeschilden für Raketen und Raumfahrtkörpern. Versuche bei einer Temperatur um 2100 °C ergaben, daß Bornitrid-Phenol-Verbindungen nur an der Stelle schmelzen, an welcher die Flamme unmittelbar mit der Probe in Berührung kommt. Auch Mischungen von Bornitrid- und Kohlenstoff-Fasern haben sich als Material für Raketenspitzen gut bewährt.

Bornitrid-Faserstoffe wurden auch zu Militärbekleidung und zu Schutzanzügen gegen Hitzeströme, Atomblitze und radioaktive Strahlung verarbeitet.

Von der Firma Carborundum Co., USA, werden bereits in technischem Versuchsanlagenmaßstab Bornitrid-Fasern hergestellt. Diese Faser wird im wesentlichen zur Herstellung von Militärkleidung sowie in der Elektrotechnik, Wärmeisolation, Kerntechnik und für Raumfahrzwecke eingesetzt. Ihr Preis soll rel. niedrig sein, und zwar nur 20 Dollar/kg [159].

6.0. Metall-Faserstoffe

Große Zukunftsaussichten haben auch die Metall-Faserstoffe. Zu ihren besonderen Eigenschaften gehören: hohe Temperaturbeständigkeit, große Wärme- und elektrische Leitfähigkeit, die in einigen Fällen vorhandenen magnetischen Daten und die — allerdings von der Art des Metalles abhängigen, mehr oder weniger ausgeprägte Beständigkeit gegen Säuren oder Laugen. Durch Variation bekannter Legierungen lassen sich Materialien mit recht unterschiedlichen Eigenschaften gewinnen.

Metall-Faserstoffe wurden als Monofilseide und -fäden, als Stapelfasern oder auch monokristallin hergestellt. Die große Bedeutung für die Praxis haben Metallfäden mit einem Durchmesser von 1 μm. Solche ultrafeinen Faserstoffe wurden aus hochschmelzenden Metallen und hitzebeständigen Legierungen erzeugt. Sie behalten ihre Festigkeit noch von 820—1370 °C, d. h. unter Bedingungen, bei denen Glas-Fasern und die meisten organischen Fasern bereits zerstört werden (Abb. 24).

Metall-Faserstoffe können sowohl mit thermoreaktiven*) als auch mit thermoplastischen Harzen kombiniert werden. Durch Armieren von Polyamid-, Vinyl- und Fluorkohlenstoff-Polymeren erhält man Verbin-

*) Thermoreaktiv nennt man Harze, bei denen parallel zur Temperaturerhöhung Vernetzungsreaktionen ablaufen. Thermoplastisch sind solche Harze, bei denen dies nicht der Fall ist.

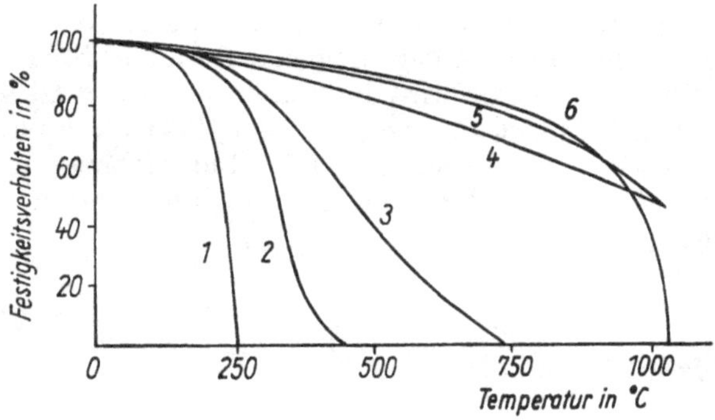

Abb. 41. **Temperaturabhängigkeit des Festigkeitsverhaltens von Chemiefaserstoffen**

1 – Polyamid (Nylon)-F, 2 – Nomex-F, 3 – Glas-F, 4 – Quarz-F, 5 – Molybdän-F, 6 – Fasern aus nichtrostendem Stahl

dungen mit erhöhtem Füllstoffgehalt und verbesserter Wärmeleitfähigkeit. Zur Armierung von Materialien sind Epoxydharze gut geeignet. Eine Verbesserung ihrer Verträglichkeit mit Metallfasern läßt sich durch Zusatz von Chelaten erreichen.

Bei einer Verstärkung von Epoxydharzen durch Fasern aus Aluminium, Kupfer und auch aus Stahl mit niedrigem Kohlenstoffgehalt erhält man die besten Erzeugnisse, wenn man 35% Aluminium- und Kupfer-Fasern und 25% Stahlfasern in das Harz einführt. Bei einem Gehalt von 35% Kupfer-Fasern ist die Wärmeleitfähigkeit der Plaste etwa zehnmal höher als beim Armieren mit Kupferpulver.

Sehr verbreitet ist die Kombination von Metall-Fasern mit Asbest. Solche Materialien besitzen eine ausgezeichnete Wärmeleitfähigkeit. Bei erhöhten Temperaturen sind ihre guten Reibungseigenschaften von Vorteil. Mit Metallfäden armierter Asbest wird u. a. zu Bremsbacken und zu Transportbändern verarbeitet, mit denen Erzeugnisse bei erhöhter Temperatur befördert werden sollen.

Armiert man keramische Erzeugnisse mit Metall-Fasern, so erhöht sich ihre Stabilität gegenüber Wärmestößen. Dies ist insbesondere beim Bau von Überschallflugzeugen und Raketen von Bedeutung. Aus solchem Material werden auch Raketendüsen, ungekühlte Verbrennungskammern und verschiedene Einzelstücke von Raketen gefertigt, die Temperaturen von mehr als 1600 °C auszuhalten haben. Außer durch ihre Hitzebeständigkeit zeichnen sich diese Materialien durch ihre weitgehende Unempfindlichkeit gegenüber Oxydationsmitteln aus.

Man hat auch mit Metall-Faserstoffen armierte Metallseiden hergestellt. Die Kombination Aluminiumoxid-Molybdän-Faser ist in hohem Maße hitzefest. Die Kombination ZrO_2-Molybdän-Faser ist sogar bis zu 3310 °C beständig.

Ein Zusatz von Metall-Faserstoffen zu Oxiden — diese werden in der Kerntechnik vielfach als Konstruktionsmaterial benutzt — vermindert deren Sprödigkeit und erhöht ihre Wärmeleitfähigkeit, ohne ihre Hitzebeständigkeit herabzusetzen. Führt man Molybdän- oder Niob-Fasern in Sinterkorund ein, der 10, 30 oder 50% Uran-(IV)-oxid enthält, so erhöht sich seine Wärmeleitfähigkeit und seine Temperaturwechselbeständigkeit auch bei schnellen und großen Temperatursprüngen.

In der Luftfahrt und im Raketenbau besteht ein besonderes Interesse hochschmelzende Metalle und Legierungen zu verstärken. Es laufen deshalb Untersuchungen einer Armierung von Titan und Titanlegierungen mit dem Ziel, Materialien zu erhalten, die ihre Festigkeit auch bei mehr als 800 °C behalten. Die herkömmlichen Legierungen sind nur bis 500 °C stabil.

Als besonders unempfindlich gegenüber Oxydationsmitteln haben sich Kobalt- und Nickellegierungen erwiesen, die mit Molybdän-, Niob- und Tantal-Faserstoffen armiert wurden. Aus diesen Werkstoffen werden Turbinenschaufeln hergestellt, die bei 1200 °C arbeiten.

Mit Stahlfasern verstärktes Silber kann starke Temperaturschwankungen zwischen −50 °C und +650 °C aushalten.

Fast alle genannten Materialien befinden sich noch im Entwicklungs- oder Erprobungsstadium. Schon jetzt läßt sich aber voraussagen, daß es für sie zukünftig sehr viele Einsatzmöglichkeiten geben wird.

Schließlich sind auch noch die monokristallinen Metall-Faserstoffe, die sog. Metall-Whiskers erwähnenswert. Diese wurden bereits im Abschn. 3.4. abgehandelt.

In steigendem Maße werden Metall-Faserstoffe auch auf dem Textilgebiet eingesetzt. Allerdings können die besonderen Eigenschaften der Metall-Fasern für textile Zwecke erst dann voll genutzt werden, wenn die Steifheit der Metalle durch eine große Faserfeinheit kompensiert wird. Nach einem neuen Verfahren können aus sehr reinem Chromnickelstahl bereits Metall-Fasern mit einem Durchmesser bis zu 8 μm gefertigt werden.

Die erhaltenen Seiden werden u. a. zu Trägergeweben verarbeitet, bei denen es auf eine gute Temperaturbeständigkeit ankommt. Der größte Teil des Materials wird durch Reißen in Fasern umgewandelt und anderen Fasern beigemischt.

Metall-Fasern werden vor allem wegen ihrer guten elektrischen Leitfähigkeit verwendet. Bereits ein geringer Zusatz von bis zu einem Prozent genügt, um die elektrische Aufladung merklich herabzusetzen. Hiervon macht man vor allem in der Teppichproduktion Gebrauch. Um den Effekt richtig auszunutzen, müssen allerdings auch die Unterlagen berücksichtigt werden.

Metall-Fasern können auch zur Herstellung von Filterstoffen, Schutzkleidung und nichtgewebten Textilien verwendet werden. Eine Neuentwicklung sind Vliese aus 100% Metall-Fasern, die man durch Sintern und Kalandern erzeugt [134].

Ein Mangel der Metall-Faserstoffe ist, daß ihre Dichte höher ist als die Dichte herkömmlicher Textilfaserstoffe (Tab. 30).

Erwähnt sei noch, daß die hohe Reißfestigkeit und die

Tabelle 30

Dichte einiger Faserstoffe

Faserstoff	Dichte [g/cm³]
Stahl	7,88
Glas	2,50
Polyamid	1,14
Polypropylen	0,90

geringe Bruchdehnung von Metall-Faserstoffen dazu benutzt werden können, Textilien herzustellen, die formbeständiger als solche aus den herkömmlichen Faserstoffen sind.

Drähte können wegen ihrer Steifigkeit normalerweise nicht wie normale Faser-Textilien verarbeitet werden. Wird aber die Abhängigkeit einiger Eigenschaften der Drähte von ihrem Durchmesser betrachtet, so ergibt sich der Schluß, daß bei genügend weit getriebener Verringerung des Drahtdurchmessers Verformbarkeiten erreicht werden müssen, die denen von Textilfasern entsprechen.

Es ist bekannt, daß der Biegewiderstand eines Materials vom Querschnitt abhängt und um den Faktor vier abnimmt, wenn der Querschnitt auf die Hälfte reduziert wird. Daraus läßt sich theoretisch ableiten, daß ein Draht einen Durchmesser von etwa 12 Mikron haben muß, um im Biegewiderstand einer Polyamidfaser von 3 den Feinheit zu entsprechen. Einen so feinen Draht zu ziehen, ist sehr teuer, ein kg eines auf 12 Mikron Durchmesser einzeln ausgezogenen Drahtes aus nichtrostendem Stahl dürfte etwa 2500 DM kosten; zugleich würde es eine Länge von über 400000 m haben.

Aus fein gezogenen Drähten wurden — und werden heute noch — feine Drahtgewebe für die Feinfiltration hergestellt, doch sind solche Flächengebilde kaum als Textilien zu bezeichnen. Die Entwicklung, welche die Firma Brunswick Corporation vor etwa vier Jahren begonnen hat, zielt demgegenüber dahin, aus Metallen derartig feine Fasern zu gewinnen, daß sie textilen Charakter haben und auf allen textilen Gebieten verwendet werden können, um Textilien mit besonderen „metallischen" Eigenschaften herzustellen.

Gewinnung der Metall-Fasern

Das von der Firma Brunswick Corporation entwickelte Verfahren führt zu Metall-Fasern mit Eigenschaften, welche denen textiler Fasern ähnlich sind. Diese Metall-Fasern haben den Namen „Brunsmet" bekommen. Sie werden, was im Hinblick auf die Beständigkeit der sonstigen Textilfasern verständlich ist, aus nichtrostendem Stahl hergestellt. Der Stahl wird in Form von Stäben zunächst zu dünneren Drähten ausgezogen. Bündel der erhaltenen Drähte werden in einer Matrize zusammengefaßt und durch wechselnde mechanische sowie chemische Einwirkungen verformt. Im Endeffekt führte dieser Prozeß zu einem Bündel von 90 oder 300 Endlosfasern von 8, 12 oder 25 Mikron Durchmesser; die Matrize wird dabei zum Schluß aufgelöst, so daß die Stahlfasern als endloses Material zurückbleiben. Sie sind so fein, daß sie ihren Drahtcharakter verloren haben und Textilfasern ähneln; zugleich besitzen sie keinen runden Querschnitt mehr und haben eine Oberfläche, welche der von Viskosefasern entspricht.

Die Stahl-Faser schmilzt bei 1350 °C und beginnt bei Temperaturen von über 450 °C an Festigkeit zu verlieren; immerhin hat sie aber bei 800 °C noch die gleiche Festigkeit wie Polyamid-Fasern. Die Brunsmet-Metall-Faser besteht aus korrosionsfestem Chromnickelstrahl hoher Reinheit mit einem Durchmesser von 8 μm. Diese Metall-Fasern werden hauptsächlich im Militärwesen, in der Raumfahrt und in der Industrie eingesetzt. Die erste rostfreie Stahlfaser hat die Nippon Seisen Co. (Japan) entwickelt. Diese Naslon-Type zeichnet sich durch gute elektrische Leitfähigkeit, Wärmebeständigkeit, geringe Anschmutzung und Flammfestigkeit aus [114].

Verwendungszwecke von Garnen mit Metall-Faser-Beimischung

Als eines der wichtigsten Verwendungsgebiete für die Brunsmet-Metall-Stapelfaser haben sich die Teppiche herausgestellt. Die elektrostatische Aufladung eines Teppichs bedeutet nicht nur eine Unannehmlichkeit, sondern auch erhebliche Nachteile beim Gebrauch durch erhöhte Verstaubung und Verschmutzung. Die starke Zunahme von Zentralheizungen und Klimaeinrichtungen in modernen Wohnhäusern, Hotels und Büros hat dazu geführt, daß heute in diesen Gebäuden das Auftreten von elektrostatischen Aufladungen zu einer gewohnten Erscheinung geworden ist. Das europäische Klima ist zwar im allgemeinen in den Zeiten, zu denen weder klimatisiert noch geheizt wird, ausreichend feucht, so daß dann keine elektrostatische Aufladung eintritt; das gilt besonders für Wollteppiche. Beginnt jedoch die Heizperiode und sinkt damit die relative Luftfeuchtigkeit in den mit Teppichen ausgelegten Räumen auf unter 40% — sehr oft geht sie sogar bis auf 30% relativer Luftfeuchtigkeit zurück — kann sehr leicht eine Aufladung von 6000—8000 Volt hervorgerufen werden. Diese kann zu einem unangenehmen Funken führen, wenn eine Türklinke oder eine entgegengehaltene Hand berührt wird. Außerdem bewirkt sie aber vor allem, daß in der Luft schwebende Staubteilchen angezogen werden und daß der Schmutz, gleichgültig ob er mechanisch abgelagert oder aus der Luft angezogen worden ist, schwerer wieder abgegeben wird. Damit wird es verständlich, daß ein Teppich, welcher sich nicht elektrostatisch auflädt, sein ursprüngliches Aussehen länger behält.

Die Firma Brunswick Corporation hat ein Prüfverfahren zum Messen der elektrostatischen Aufladung und des Oberflächenwiderstandes bei Teppichen und allen sonstigen Gewebearten entwickelt. Als ein Beispiel für die damit erhaltenen Ergebnisse sollen die folgenden Vergleichsdaten angeführt werden. Bei einer Temperatur von 22 °C und einer relativen Luftfeuchtigkeit von 20% wurde an einem Wollteppich eine maximale Aufladung von 5500 Volt gemessen. Bei einem Teppich gleicher Konstruktion, der 0,3% Brunsmet-Metall-Faser enthielt, lag der Wert bei 1300 Volt.

Außer bei Teppichen, bei denen die elektrostatische Aufladung eine altbekannte Unannehmlichkeit darstellt, spielt das Problem der elektrostatischen Aufladung noch auf vielen anderen Gebieten eine Rolle; genannt seien hier die Filterstoffe, die Schutzkleidung, die von Personen in explosionsgefährdeten Räumen getragen wird, ferner Strickkleidung, Pullover usw. Bei der letztgenannten macht sich die elektrostatische Aufladung nicht nur durch die Funkenbildung unangenehm bemerkbar, sondern auch durch das starke Anziehen von Staubpartikelchen. Von uns konnte gezeigt werden, daß eine Beimischung von 0,5% bis 1% Brunsmet-Metall-Faser in dem zu Schutzkleidung aller Art verarbeiteten Garn genügt, um bei dieser die elektrostatische Aufladung völlig zu unterdrücken, so daß jegliche Gefahr einer Funkenbildung in explosionsgefährdeten Räumen ausgeschlossen wird.

Verwendung von Brunsmet-Metall-Fasern in Non-Wovens

Die Brunsmet-Metall-Faser kann ohne Schwierigkeiten auf den herkömmlichen Maschinen entweder rein oder als Beimischung zur Herstellung von Filzen benutzt werden. Durch die Verwendung von Metall-Fasern in genadelten Filzen soll die elektrostatische Aufladung beseitigt werden. Außerdem hat sich eine Reihe völlig neuer Anwendungsmöglichkeiten für Filze aus 100% Brunsmet-Faser ergeben. Einige dieser Möglichkeiten liegen noch auf dem Textilgebiet, und zwar bei der Vermeidung der elektrostatischen Aufladung von Filzen für Filtrationszwecke. Andere dagegen sind völlig neuartig. Dabei handelt es sich um die Verwendung von Vliesen aus

100% Brunsmet-Metall-Fasern, die gesintert und dann kalandert worden sind, um stabile und zugleich poröse Materialien zu erhalten. Sie sind zur Filtration in hydraulichen Systemen bei hohem Druck und hoher Temperatur geeignet oder können zur Druckkontrolle benutzt werden. Durch das Sintern werden die einzelnen Fasern miteinander verschweißt, und durch das anschließende Kalandern werden die Poren auf die erreichbare Mindestgröße zusammengepreßt. Das so erhaltene Material ist für Filterzwecke ausgezeichnet geeignet. Die Porengröße reicht bis zu 8 Mikron. Die Filter aus gesinterten Metall-Fasern besitzen eine große Tiefenwirkung und ein gegenüber sonstigen Filtermaterialien um ein Vielfaches gesteigertes Schmutzhaltevermögen [161].

Mit größtem Erfolg werden Reifen aus Stahlcord in Großbritannien, Westdeutschland, Italien und Frankreich eingesetzt, wobei 20% des Cords aus Stahl-Fasern bestehen.

Es werden Cordfestigkeiten von 180—300 kp/mm^2 erreicht (zum Vergleich: Nylon-Cord: 78, Polyester-Cord: 85, Viskose-Cord 64—78 kp/mm^2). Die Dehnung beträgt 1,8%. Stahl-Gummi-Verbundkörper sind 2—4mal so steif wie die mit herkömmlichem Cord verstärkten Körper [162].

Die Brunswick Corp., USA, stellt Fasern aus Edelstahl her. Die Edelstahl-Fasern wurden mit Glas ummantelt und für Tapetenstoffe, Krankenschwester-Trachten mit antistatischen Eigenschaften, Arbeitskleidung, Postsäcke aus Polyamidfaserstoffen und Stahlfasern für den Lufttransport, in Reflexionselementen für militärische Zwecke, Verstärkung in Reifen und Filterstoffe eingesetzt [163].

Auch in der Meteorologie verwendet man metallisierte Faserstoffe. Wetterraketen erreichen Höhen von 35 bis 40 km. Dort erzeugen sie eine Wolke aus metallisierten Fasern, die von der Erde aus durch Funkortungsgeräte anvisiert wird und so Aufschluß über die Windrichtung und -geschwindigkeit gibt [164].

Die Resisto Chemical Inc., USA, hat eine sog. Resistotherm-(Tipersul)-Faser entwickelt, die im wesentlichen aus Kaliumtitanat $K_2Ti_6O_{13}$ besteht und bis zu 1370 °C temperaturbeständig ist. Diese Faser wird hauptsächlich zur Wärmeisolation eingesetzt.

Die Eigenschaften gehen aus nachstehender Übersicht hervor:

Zusammensetzung		$K_2Ti_6O_{13}$
Temperaturbeständigkeit	[°C]	1371
Dichte	[g/cm³]	3,2
Reißfestigkeit	[kp/cm²]	$49 \cdot 10^3$
E-Modul	[kp/cm²]	$2{,}8-3{,}5 \cdot 10^6$
Durchmesser	[μm]	0,2
Faserlänge	[μm]	10–12

Die chemische Stabilität der Faser ist gut; die Fasern werden bei Zimmertemperatur durch konzentrierte Salzsäure, Schwefelsäure und Salpetersäure nicht angegriffen. Gegen Alkalien sind die Fasern relativ empfindlich. Die Kaliumtitanat-Fasern werden hauptsächlich zur Wärmeisolation eingesetzt. Erwähnenswert sind auch die Zircolite-Fasern, die bis 2000 °C beständig sind. Sie bestehen aus Zirkoniumoxid, das in Sauerstoffatmosphäre bei 1300 °C gebrannt wird. Folgende Zirkondioxid-Fasern werden bereits gehandelt (Tab. 31):

Nach chemischen Verfahren wurden hochtemperaturbeständige mit Yttriumoxid stabilisierte Zirkonoxid-Fasern hergestellt, die sich besonders für thermische Isolationen eignen. Weiterhin wurden bekannt Zirkonoxid-Fasern mit Beimischungen wie Kupferoxid, Aluminiumoxid und Kobalt. Die Rohfasergewebe werden zwischen 800 und 1000 °C gebrannt. Man erhält verschiedenfarbige (blau, gelb, grün) weiche Fasern mit einer dem Seidenpapier ähnlichen Festigkeit (172).

Die Metallfaserherstellung ist nach wie vor ein Kostenproblem. In den USA kosten 1 kg mehrfädige Metall-Seide z. B. bis zu 2000 Dollar. Durch diesen hohen Preis werden derzeit noch die Einsatzmöglichkeiten eingeschränkt.

Tabelle 31

Zirkonoxid-Fasern [134]

Zusammensetzung	Länge	Profil	Reißfestigkeit [kp/cm²]	E-Modul [kp/cm²]	Dichte [g/cm³]
ZrO_2 (Babcock u. Wilcox Co.)	Stapel	rund	21000		4,99
ZrO_2 (Owens u. Corning Co.)	,,	verschieden		$1,7 \cdot 10^6$	
ZrO_2-A (Thompson Fiber-Glas)	,,	rund	21000	$3,1 \cdots 4,2 \cdot 10^6$	4,49
ZrO_2-C (Thompson Fiber-Glas)	,,	rund	21000	$3,1 \cdots 4,2 \cdot 10^6$	4,49
ZrO_2-stabilisiert	,,	40 × 80	7000	—	—

7.0. Ausblick

Den ständig steigenden Anforderungen, besonders im Hinblick auf die Festigkeit und die Temperaturbeständigkeit an die Werkstoffmaterialien werden u. a. die neuen, thermisch stabilen und teilweise hochfesten Faserstoffe, besonders die Metall-, Glas-, Keramik-, Bor- und Kohlenstoff-Fäden gerecht. Besonders in der Luft- und Raumfahrt und zum Verstärken von Kunststoffen für den Einsatz im technischen Sektor spielen diese temperaturbeständigen anorganischen Faserstoffe bereits heute eine gewisse Rolle, obwohl sie erst am Anfang ihrer Entwicklung stehen.

Die Grenzen der Temperaturbeständigkeit der anorganischen Faserstoffe liegen zwischen 1000 °C und ca. 3000 °C. Nachteilig sind jedoch ihre größeren Dichten (bis zu 19,3 g/cm^3) gegenüber den temperaturbeständigen organischen Faserstoffen und die rel. hohen Herstellungskosten, daher kommen sie z. Z. für zivile Einsatzzwecke noch nicht in Frage.

Bereits heute haben allerdings die Glas-Faserstoffe auch im textilen Bereich, besonders im Heimtextiliensektor eine gewisse Bedeutung, die sich in Zukunft noch erhöhen wird. Bevorzugt zur Herstellung von Vorhängen, Dekorationsstoffen, Bett- und Tagesdecken und Gardinen kommen Glas-Faserstoffe immer mehr in Anwendung.

8.0. Literatur

[1] H. Dawczynski: WTB *„Temperaturbeständige Faserstoffe aus organischen Polymeren“*, Akademie-Verlag GmbH 1974.
[2] B. Findeisen: Die Technik **23** (1968) 6, S. 392–400.
[3] Ind. engn. Chem. **53** (1961) 3, S. 79.
[4] V. E. Kotina,; A. A. Konkin, u. a.: Sowjet. Beiträge Faserforschung **7** (1970) 3, S. 126–135.

[5] E. GRANCH: Carbon **2** (1962) S. 519; S. 617; Carbon **2** (1962) S. 599.
[6] Nature **183** (1962) 4812, S. 261–262.
[7] O. VOHLER u. a.: Chem. Ing. Techn. **42** (1970) 1, S. 1197 bis 1202.
[8] O. VOHLER u. a.: Angew. Chemie **82** (1970) 11, S. 401–412.
[9] W. GRÜNSTEIDL: Kunststoffe **60** (1970) 9, S. 623–628.
[10] H. FREHSEN: Melliand Textilberichte **52** (1971) 1, S. 3–10.
[11] R. BACON: Appl. Polymer Symposia **9** (1969), S. 213–214.
[12] R. BACON: J. Appl. Physics **31** (1960), S. 283–290.
[13] GBP 1001606 (1965); USP 3322489 (1967).
[14] USP 3294489 (1966).
[15] FrP 1406529 (1965); GBP 1016351 (1953).
[16] USP 3053775 (1962).
[17] R. BACON u. M. M. TANG: Carbon **2** (1964) S. 211–220 u. S. 221–225.
[18] D. OVERHOFF: Dissertation 1966, Heidelberg.
[19] GBP 1073343 (1967).
[20] FrP 1420105 (1965).
[21] USP 3235323 (1965); BRD-OS 1619187 (1971); FrP 1485789 (1967); BRD-OS 2019382 (1971); S. E. ROSS: Textile Res. J. **38** (1968) 9, S. 906–913.
[22] USP 3281261 (1966); USP 3242000 (1966); FrP 1508760 (1968); USP 3305315 (1967)
[23] USP 3066099 (1962)
[24] R. BACON u. W. A. SCHALAMON: Appl. Polymer Symp. **9** (1969), S. 285–292.
[25] H. J. SAECHTLING: Neue Zürcher Zeitung vom 14. 10. 1969 Nr. 282, S. 25.
[26] Chem. Fasern **20** (1970) 1, S. 29; Amer. Dyestuff Reporter **58** (1969) 17, S. 26–30.
[27] J. S. SKORYNINA u. S. S. GUSEV: Vysokomol. Soed. A-12 (1970), S. 388–393.
[28] Textile Month (1969) 1, S. 44.
[29] W. G. VOSBURGH: Text. Res. J. **30** (1960) S. 882–896; V. A. KARGIN u. a.: Chem. and Ind. (1960) S. 184–186; N. GRASSIE u. a.: J. Polymer Sci. **30** (1958) S. 37–46.
[30] F. T. WOLLENBERGER: Angew. Chem. **76** (1964) 11, S. 484 bis 494.
[31] B. VOLLMERT: Kunststoffe **56** (1966) 10, S. 680–694.
[32] H. DAWCZYNSKI: Wissenschaft und Fortschritt **20** (1970) 8, S. 346–350.

[33] J. W. Johnson: Appl. Polymer Symposia **9** (1969), S. 229 bis 243; W. Watt u. a.: ibid. **9** (1969) S. 215–227; J. W. Johnson: Nature **221** (1969) 5178, S. 357–358; R. Moreton u. a.: ibid. **213** (1967), S. 690–691.
[34] W. Watt: Nature **222** (1969) 5190, S. 265–266.
[35] E. Standage: Nature **224** (1969) S. 688.
[36] J. R. Holsten u. a.: BRD-OS 2013913 (1970).
[37] (D. H. Logsdail): Appl. Polymer Symposia **9** (1969), S. 245 bis 254.
[38] U. Fuhrmann u. a.: Kunststoffe **59** (1969) 12, S. 865–869.
[39] W. Andrew: Spinner, Weber **88** (1970) 11, S. 1107–1114.
[40] Spinner, Weber **87** (1969) 10, S. 962.
[41] H. Dawczynski: Vortrag „*Entwicklungstendenzen von Acrylnitrilfaserstoffen in Forschung und Produktion*" anläßlich des PVY-Faserstoff-Industriezweigkolloquiums am 27. 10. 1970.
[42] S. Yamada u. a.: Appl. Polymer Symposia **9** (1969), S. 263 bis 269.
[43] JaP 4405, 1959.
[44] V. E. Kotina; A. A. Konkin u. a.: SUP 138324, 1959; V. E. Kotina u. a.: SUP 134869, 1960.
[45] Textilveredlung **4** (1969) 6, S. 403.
[46] USP 3242000, 1966; JaP 20610, 1961.
[47] BRD-OS-2042358 (1971).
[48] BRD-OS-2026019 (1971); BRD-OSO-1929849 (1970); BRD-OS-2016594 (1970); BRD-OS-2053471 (1971); BRD-AS-1816170 (1971); BRD-OS-2055288 (1971); BRD-OS-2153567 (1972).
[49] S. Otani u. a.: Appl. Polymer Symposia **9** (1969) S. 325 bis 330.
[50] S. Otani u. a.: J. chem. Soc. Jap. **69** (1966) S. 626–629.
[51] BRD-OS-1669471 (1971).
[52] BRD-OS-1669486 (1971).
[53] BRD-OS-2055288 (1971).
[54] Angew. Chem. Nachr. Chem. Techn. **82** (1970) 19, **18** (1970) 19, S. 378.
[55] Nature **227** (1970), S. 946.
[56] R. Bacon u. a.: Polymer Prepr. **9** (1968) 2, S. 1338.
[57] E. Epremian u. a.: Appl. Polymer Symposia **10** (1970) 15, S. 139–154.
[58] Angew. Chem. **82** (1970) 11, S. 401–412.
[59] Chemiefasern **20** (1970) 4, S. 269.

[60] T. Araki u. a.: Appl. Polymer Symposia **9** (1969) S. 331 bis 337.
[61] Chem. Engn. News **47** (1969) 24, S. 32.
[62] Japan Textiles News (1970) 184, S. 42.
[63] BRD-OS-2027384 (1970).
[64] Chem. Eng. News **48** (1970) 26, S. 61; Nature **227** (1970), S. 946—947; BRD-AS 1302814 (1972).
[65] A. M. Sladkov u. J. P. Kudrjavcev: Wissenschaft und Fortschritt **19** (1969) 12, S. 552—557; Chemiefasern 8 (1969) 5, S. 375—378.
[66] BRD-OS-1169128 (1970).
[67] H. M. Ezekiel u. a.: J. Polymer Sci. Part. C **19** (1967), S. 249—265. H. M. Ezekiel: Appl. Polymer Symposia **9** (1969), S. 315 bis 324. BRD-OS 1794042 (1971).
[68] S. Yamada u. a.: Appl. Polymer Symposia **9** (1969), S. 339 bis 364.
[69] Prospekt von Nippon Kayaku Co. Ltd. Japan 1970.
[70] O. Vohler u. a.: Ber. Dtsch. Keram. Gesellschaft **43** (1966), S. 199—206.
[71] E. A. Kellet u. a.: J. Appl. Chem. **18** (1968), S. 55—60.
[72] BRD-OS-2024063 (1970).
[73] BRD-OS-2021328 (1970).
[74] BRD-OS-1952388 (1971).
[75] W. Ruland: J. Appl. Physics **38** (1967), S. 3585; W. Ruland; Umschau in Wissenschaft u. Technik (1970), 22, S. 716.
[76] W. Ruland u. a.: Ber. Dt. Keram. Gesell. **46** (1969), S. 400.
[77] G. Gibbson u. a.: Polymer Prepr. **9** (1968) 2, S. 1376.
[78] W. Ruland: Applied Polymer Symp. **9** (1969), S. 293.
[79] (D. W. McKee u. a.:) Nature **224** (1969), S. 793—794.
[80] Chem. Week **98** (1966) 12, S. 75—79.
[81] New Scientist **42** (1969), S. 584; Nature **218** (1968), S. 83 bis 84.
[82] S. Allen u. a.: Nature **224** (1969), S. 684—685; D. L. Schmidt: Rubber and Plast Age **47** (1966), S. **642** bis 652.
[83] Mah Made Textiles **44** (1967) 252, S. 42.
[84] H. Jahn: Raumfahrtforschung **13** (1969) 4, S. 169—174.
[85] H. Böder u. a.: Naturwissenschaften **57** (1970) 1, S. 29—35.
[86] Bull. Inst. Textile France **23** (1969) 145, S. 863—878.
[87] R. Bacon: J. Applied Physics **31** (1960) 2, S. 284—290.
[88] J. Nixdorf: VDI-Z. **110** (1968) 27, 1181—1187.
[89] Textile Industries **133** (1969) 9, S. 32.
[90] Europa-Chemie (1969) 16, S. 6.

[91] Textile Month (1970) 1, S. 34; Chem. Week **107** (1970) 2, S. 39.
[92] Chemiefasern **19** (1969) 4, S. 253; Textile Ind. **133** (1969) 4, S. 29.
[93] Textile Month (1969) 4, S. 50; Chem. Ind. **21** (1969) 5, S. 330; Z. Ges. Textilind. **71** (1969) 12, S. 898; Europa-Chemie, (1969) 14, S. 8; ibid. (1971) 8, S. 8; Z. Ges. Textilind. **72** (1970) 5, S. 335.
[94] Skinners Record **40** (1966) 9, S. 599–600.
[95] Textile Industries **132** (1968) 6 A, S. 176.
[96] H. Fenninger: VDI-Z. **113** (1971) 1, S. 17–19.
[97] BRD-OS-2021328 (1970).
[98] G. Niederstadt: Kunststoffe **59** (1959) 12, S. 855–858.
[99] L. N. Phillips: Chem. and Ind. (1968) 17, S. 526–528.
[100] R. A. Simon: Mod. Plast **45** (1968) 13, S. 227–237.
[101] D. F. Adams: Textile Res. J. **39** (1969), S. 339–345.
[102] D. M. McElhinney: New Sientist **43** (1969), S. 282–284.
[103] H. Liu: Plastics and Polymers **16** (1968) 123, S. 249–259; W. H. Reynolds: ibid. **37** (1969) 127, S. 155–157.
[104] Chem. Eng. **67** (1968) 5, S. 62–63.
[105] Nature **213** (1967), S. 1113–1114.
[106) A. E. Standage: Nature 211 (1966), S. 169.
[107] H. A. MacKay: Mod. Plast. **45** (1968) 12, S. 147–150.
[108] J. Auerbach: J. appl. Polymer Sci. **14** (1970), S. 747–756.
[109] J. P. Giltrow u. a.: Nature **214** (1967), S. 1106–1107.
[110] C. L. Havris u. a.: Nature **217** (1968) S. 981–982.
[111] R. R. Dickley u. a.: J. Macromol. Sci. **A-3** (1969), S. 573 bis 584.
[112] Rubber Plast. Age **50** (1969) 3, S. 197.
[113] D. Robbins: VDI-Nachrichten **23** (1969) 34, S. 1–4.
[114] A. Berger: Die Welt vom 18. 10. 1969.
[115] H. Dawczynski: Technische Gemeinschaft **21** (1973) 1, S. 22–24.
[116] B. H. Williamson: Kunststofftechnik **8** (1969), S. 380 bis 382.
[117] Chem. Eng. **76** (1969), S. 36–38.
[118] Mod. Textiles Mag. **47** (1966), S. 57; ibid. **50** (1969), S. 28, 30 und 33.
[119] Spinner, Weber **88** (1970) 6, S. 571.
[120] O. Vohler: Chem. Ing. Techn. **42** (1970) 19. S. 1197–1202.
[121] B. H. Williamson: Kunststoffe-Plastics (1969) 12, S. 477 bis 478.

[122] P. Brenner: Umschau in Wissenschaft und Technik (1968) 6, S. 166–171.
[123] L. S. Tverskaja: Chim prom. rub., Moskva (1966) 10, S. 44–49.
[124] H. Dawczynski: Wissenschaft und Fortschritt **20** (1970) 1, S. 8–10.
[125] S. S. Brenner: J. appl. Physics **27** (1956) 12, S. 1484–1491.
[126] J. Nixdorf: VDI-Z. **110** (1958) 13, S. 543–550.
[127] E. F. Heintze: Textil-Industrie **72** (1970) 3, S. 163–169.
[128] Kunststoff-Berater (1970) 9, S. 847–852.
[129] H. Fenninger: VDI-Z. **113** (1971) 5, S. 354–358.
[130] A. Shindo u. Y. Nakanashi: Appl. Polymer Symposia **9** (1969), S. 271–284.
[131] Gummi, Asbest, Kunststoffe **23** (1970(7, S. 766; Textile Month (1971) 5, S. 48.
[132] E. Fitzer u. a.: Chem. Ing. Techn. **43** (1971) 16, S. 923 bis 931.
[133] H. Böder: Kunststoffe **62** (1972) 5, S. 293–296; Chemiefasern/Textilind. 23/75 (1973) 1, S. 24.
[124] H. Dawczynski: Wissenschaft und Fortschritt **20** (1970) 9, S. 411–413.
[135] J. Polymer Sci. **C-19** (1969), S. 183–196.
[136] J. Polymer Sci. **C-19** (1969), S. 267–281.
[137] Chem. Fasern **20** (1970) 1, S. 30.
[138] Skinners Rec. **40** (1966) 7, S. 561.
[139] Chemiker Zeitung **93** (1969) S. 988.
[140] W. R. Everard u. a.: Spinner, Weber, Textilveredlung (1970) 12, S. 40–42.
[141] BRD-OS 1669350 (1970).
[142] Chem. Techn. **22** (1970) 6, S. 362.
[143] Chem. Eng. News (1966) 5, S. 32; Chem. Ing. Techn. **38** (1966) 6, S. A 795.
[144] Europ. Chem. News **19** (1971) 468, S. 6.
[145] P. A. Koch: Textilindustrie **69** (1967) 11, S. 839–846; P. A. Koch: Textilveredlung **2** (1967) 10, S. 800–811; J. Hansmann: Melliand Textilber. **51** (1970) 1, S. 11–21; G. Amory: Melliand Textilber. **50** (1969) 11, S. 1283.
[146] J. Polymer Sci. **C-19** (1969), S. 227–247.
[147] Kunststoff-Berater **8** (1963) 10, S. 748–749.
[148] Textilveredlung **4** (1969) 6, S. 413.
[149] Amer. Dyestuff Rep. **55** (1966) 8, S. 60–65; Melliand Textilber. **52** (1971) 3, S. 265–267.

[150] Kautschuk und Gummi **23** (1970) 5, S. 242.
[151] Chem. Ind. **22** (1970) 1, S. 43.
[152] G. HEUFER: Kunststoffe **59** (1969) 11, S. 734–741.
[153] R. KOCHENDÖRFER u. H. JAHN: Kunststoffe **59** (1969) 12, S. 859.
[154] VDI-Taschenbuch, Heinz-Haferkamp VDI-Verlag GmbH — Düsseldorf 1971.
[155] R. THOMSON: ENDEAVOUR (1970), S. 34–38.
[156] D. J. BEERNTSEN u. a.: Appl. Polymer Symposia (1969) 9, S. 365–375.
[157] J. ECONOMY u. a.: Appl. Polymer Symposia (1969) 9, S. 377 bis 386;
J. ECONOMY u. a.: J. Polymer Sci. Part-C (1967) 19, S. 283 bis 297.
[158] Spinner, Weber **85** (1967) 5, S. 425–428.
[159] Skinners Rec. **40** (1966) 7, S. 473; Man-made Textile **42** (1965) 496, S. 81.
[160] FrP 1437919; Plast. Design. Process **6** (1966) 11, S. 29; Mod. Plast. **40** (1963) 8, S. 117–124.
[161] H. F. LEWIS: Melliand Textilberichte **50** (1969) 9, S. 1019 bis 1023; Chem. Engng. (1971) T-4, S. 92.
[162] Kautschuk, Gummi, Kunststoffe **21** (1968) 10, S. 569–573; Chem. Engng. (1971) T 12, S. 46; Kautschuk, Gummi, Kunststoffe **21** (1968) 8, S. 457; Textilpraxis **26** (1971) 1, S. 56.
[163] Chemiefasern **18** (1968) 1, S. 27.
[164] Wirtschaft, Nr. 6 (1970), S. 14.
[165] Chem. Ind. **23** (1971) 9, S. 636.
[166] DJM (103) 29. 5. 1968; Japan Text. News **180** (1969) 34.
[167] W. LOY: Melliand Textilber. **47** (1966) 2, S. 113–120.
[168] Persönliche Mitteilungen von W. BOBETH, G. WIEDEMANN und U. MÜLLER, Institut für Technologie der Fasern, Dresden (1972);
W. BOBETH, W. BÖHME und J. TECHEL: „*Anorganische Textilfaserstoffe*“, VEB Verlag Technik, Berlin 1955.
[169] W. BOBETH: Textil- u. Faserstofftechnik **4** (1954), S. 468 bis 478.
[170] BRD-OS 2104681 (1972).
[171] Chem. Ing. **44** (1972) 18, S. A 1121.
[172] BRD-OS 2130315 (1972).
[173] Chem. Ind **25** (1973) 3, S. 120.
[174] Japan Textile News (1972) 211, S. 26.

9.0. Sachregister

Der Autor

- **beschreibt Synthese, Eigenschaften, Struktur und Einsatzmöglichkeiten temperaturbeständiger anorganischer Faserstoffe**

- **gibt einen Überblick über wichtige anorganische Faserstoffe, wie Kohlenstoff-, Einkristall-, Bor- und Metallfaserstoffe**

WISSENSCHAFTLICHE TASCHENBÜCHER

FSC
www.fsc.org
MIX
Papier | Fördert gute Waldnutzung
FSC® C083411

Kolibri 360 GmbH
Ferdinand-Jühlke-Straße 7
99095 Erfurt, Deutschland
produktsicherheit@kolibri360.de